安规测试技术与实践

主　编　高　爽　郑晓东

副主编　王晓斌　王元元

参　编　张建滨　盘康劲　陈创洽　黄　涛

西安电子科技大学出版社

内 容 简 介

本书是按照中华人民共和国国家标准《音视频、信息技术和通信技术设备 第 1 部分：安全要求》(GB 4943.1—2022)的规定以及企业对安规测试工程师岗位的要求编写而成的校企合作新形态教材。全书内容由电子产品安全认证申请、电子产品标记和说明的测试、安全防护强度测试、电能量源的安全防护测试以及其他能量源的安全防护测试 5 个项目组成。每个项目被细化成多个任务，每个任务均给出了情景引入、思政元素、学习目标及学习指导，各任务基本包括相关标准及术语、试验实施、技能考核及课后练一练等部分。

本书内容新颖、全面，图文并茂、通俗易懂，可作为职业院校电子信息、测试技术类专业学生的教学用书，也可作为职业技能培训教材和相关专业人员的参考书。

图书在版编目（CIP）数据

安规测试技术与实践 / 高爽，郑晓东主编. -- 西安：西安电子科技大学出版社，2024. 6. -- ISBN 978-7-5606-7339-4

Ⅰ. TM08-65

中国国家版本馆 CIP 数据核字第 202463GZ30 号

策　　划　周　立
责任编辑　武翠琴
出版发行　西安电子科技大学出版社（西安市太白南路 2 号）
电　　话　（029）88202421　88201467　　　邮　编　710071
网　　址　www.xduph.com　　　　　　　　电子邮箱　xdupfxb001@163.com
经　　销　新华书店
印刷单位　咸阳华盛印务有限责任公司
版　　次　2024 年 6 月第 1 版　　　　　2024 年 6 月第 1 次印刷
开　　本　787 毫米×1092 毫米　1/16　　印　张　15
字　　数　353 千字
定　　价　39.50 元
ISBN 978-7-5606-7339-4
XDUP 7640001-1
*** 如有印装问题可调换 ***

前　言

粤港澳大湾区作为中国最具活力的经济区域之一，其电子信息产业发展迅速，已成为全球电子产品制造和创新的重要基地。该区域汇聚了大量的高科技企业和研发机构，涵盖了从半导体设计、电子组件制造到智能终端和高端装备生产的完整产业链。随着电子信息产业的快速发展，各行各业对电子产品的安全性、可靠性等性能的要求也日益提高，这不仅涉及电子产品设计和制造的各个环节，还涉及电子产品的市场准入和国际贸易。因此，对电子产品进行严格的安规测试和认证，成为确保电子产品质量、保护消费者安全并满足国际市场准入要求的关键步骤。

随着消费者对电子产品安全性的重视程度的不断提升，企业对安规测试工程师的需求也在不断增长。这些专业人员不仅需要掌握电子产品的安全标准和测试技术，还需要了解国内外电子产品的安全认证流程和法规要求。他们的工作对于保障电子产品的安全性和合规性至关重要。鉴于粤港澳大湾区电子信息产业的快速发展需要和企业对专业安规测试人才的迫切需求，我们编写了本教材，旨在为高校培养符合行业需求的高素质安规测试工程师提供参考。专业人员深入了解安规测试的基础理论、关键流程和实际操作方法，熟练掌握安规测试的各项技能，可以确保电子产品质量，加强消费者对中国制造电子产品的信心，进而推动电子信息产业的可持续发展。

本书以 GB 4943.1—2022 为依据，并参考 IEC 62368-1：2018 等国际标准，由高校一线教师和企业专家共同编写。在对安规测试工程师岗位进行调研的基础上，编者分析了该岗位的典型工作任务，并对典型工作任务进行项目化和任务化开发。本书包括电子产品安全认证申请、电子产品标记和说明的测试、安全防护强度测试、电能量源的安全防护测试以及其他能量源的安全防护测试共 5 个项目。这些项目被细化成 20 个任务，各任务基本包括相关标准及术语、试验实施、技能考核及课后练一练等部分。此外，本书还创新性地采用"三单一表"来辅助教师完成教学实施。"三单"即学习单、准备单和工作单，"一表"为技能考核表。为方便高校开展模块化和信息化教学，也为了更好地提升学生的学习效果，编者根据教材内容配套开发了教学设计、教学课件、任务工单及微课视频等丰富的教学资源，读者扫描书中二维码就可以观看。希望通过本书的学习，学生能够深入理解电子产品安全认证的重要性，掌握安规测试的关键技术和流程，提升安规测试的专业技能。

本书由东莞职业技术学院的教师和东莞信宝电子产品检测有限公司的专业人员共同完成，高爽、郑晓东担任主编，王晓斌、王元元担任副主编，张建滨、盘康劲、陈创洽、黄涛参与了编写。东莞信宝电子产品检测有限公司为本书的编写提供了大量企业案例，使内容更加实用，编者在此一并表示感谢。

限于编者水平，书中难免存在不足和疏漏之处，欢迎广大读者提出宝贵意见和建议。

编者

2024 年 9 月

目 录

项目 1　电子产品安全认证申请

项目要求

本项目要求：学习电子产品安全认证申请的相关知识，完成向客户介绍电子产品安全认证要求以及向客户介绍电子产品安全认证流程两个任务，掌握电子产品安全认证申请这一工作技能。

任务 1.1　向客户介绍电子产品安全认证要求

 情景引入

假设你已经掌握了一些电子专业的基本知识，现在进入一家第三方检测认证公司进行跟岗实习。实习的第一天，为了让你了解电子产品在设计时应满足的安全标准要求，公司安排了业务经理向你介绍电子产品安全认证的相关知识和要求。学习完后，你的任务是收集和整理相关资料并制作课件，向公司的客户介绍电子产品安全认证要求。

思政元素

据 ISO 数据，在 2000 年以前，我国制定的国际标准数量仅为 13 项；2001 年至 2015 年，我国经济社会高速发展，该数量达到 182 项；2016 年至 2020 年，随着经济和技术实力进一步提升，我国主持的国际标准数量超过了 800 项。尽管在数字经济时代，我国参与国际标准制定的程度更加深入，取得了一些成功的实践，但与欧美等国家间的差距仍较大。数据显示，截至 2020 年，由美、英、德、法、日主持和主导的国际标准数量占全球标准数量的 90%～95%，而我国则为 1.8%。因此，在参与国际标准的制定上，我们仍需要不断加大技术、资金、人力资源等方面的投入。

学习目标及学习指导

本任务学习目标及学习指导如表 1.1.1 所示。

表 1.1.1   本任务学习目标及学习指导

任务名称	向客户介绍电子产品安全认证要求	预计完成时间：2 学时
知识目标	◇ 能解释什么是电子产品安全认证 ◇ 了解电子产品安全认证体系 ◇ 了解相关电子产品安全认证的国内外标准和机构 ◇ 熟悉 GB 4943.1—2022	
技能目标	◇ 能在"国家标准全文公开系统"中查找相应的标准	
素养目标	◇ 能与客户进行良好的业务交流 ◇ 培养团队成员研讨、分工与合作的能力	
学习指导	◇ 课前学：学习电子产品认证、电子产品安全认证、电子产品安全认证标准，完成向客户介绍电子产品安全认证要求学习单 ◇ 课中做：按照步骤，规范、准确地完成国家标准全文的获取，并完成国家标准全文的获取准备单 ◇ 课中考：完成标准查找技能考核表 ◇ 课后练：完成课后习题	

1.1.1   相关术语

为了完成本任务，请先阅读本节认证与产品认证、产品安全、产品安全认证、产品安全认证标准以及 GB 4943.1—2022 国家标准等内容，并完成如表 1.1.2 所示的本任务学习单(课前完成)。

表 1.1.2   本任务学习单

任务名称	向客户介绍电子产品安全认证要求
学习过程	回答问题
信息问题	(1) 什么是认证？什么是产品认证？ (2) 请你描述一下对产品安全的理解。 (3) 认证机构与检测机构的区别是什么？ (4) 国家标准的编号规则是什么？请列举 4 个产品的国家标准和对应的国际标准。 (5) 请描述欧盟及美国、英国、日本等国家的产品安全认证标志。

1. 认证与产品认证

1) 认证

认证(certification)，广义上是指由权威机构根据当事人提供的资料和其他信息，对某一事物、行为或活动的本质或特征，经确认属实后给予的证明。根据《中华人民共和国认证认可条例》，认证是指由认证机构证明产品、服务、管理体系符合相关技术规范、相关技术规范的强制性要求或者标准的合格评定活动。国际标准化组织(ISO)/国际电工委员会(IEC)对"认证"的定义则是"由可以充分信任的第三方证实某一经鉴定的产品或服务符合特定标准或规范性文件的活动"。我们所熟知的认证，大多数是针对企业的产品、管理、服务三个方面进行合格评定或者星级评价。针对产品等的认证称为产品认证，针对管理体系等的认证称为体系认证。

2) 产品认证

ISO 将产品认证定义为"由第三方通过检验评定企业的质量管理体系和样品型式试验来确认企业的产品、过程或服务是否符合特定要求，是否具备持续稳定地生产符合标准要求产品的能力，并给予书面证明的程序"。按认证的种类，中国目前开展的产品认证可以分为国家强制性产品认证和非强制性产品认证。

强制性产品认证制度是各国政府为保护广大消费者人身和动植物生命安全、保护环境、保护国家安全，依照法律法规实施的一种产品合格评定制度，它要求产品必须符合国家标准和技术法规。强制性产品认证是通过制定强制性产品认证目录和实施强制性产品认证程序，对列入目录中的产品实施强制性的检测和审核。凡列入强制性产品认证目录内的产品，没有获得指定认证机构的认证证书，没有按规定加施认证标志，一律不得进口、不得出厂销售和在经营服务场所使用。

非强制性产品认证是对未列入国家强制性产品认证目录内产品的认证，是企业的一种自愿行为，也称为"自愿性产品认证"，是企业自愿向国家认证认可监督管理部门批准的认证机构提出产品认证申请，由认证机构依据认证基本规范、认证规则和技术标准进行的合格评定。经认证合格的，由认证机构颁发产品认证证书，准许企业在产品或者其包装上使用产品认证标志。

2. 产品安全

产品安全是指按照产品的设计目的进行安装、使用和维护时，应当最大程度地确保不会对人和动物的健康和安全以及环境造成危害。具体而言，可以进一步表述如下：

(1) 对于保护对象而言，所保护的不仅仅是产品的使用者、维护者等相关人员，同时也包括在产品周围的无关人员；不仅考虑对身体智力正常的成年人的保护，还应当考虑对婴幼儿、儿童、老年人、残疾人等特殊人群的保护；所保护的动物不仅是家畜和宠物，还应当尽可能包括周边的野生动物。

(2) 对于产品的使用周期而言，不仅包括产品的正常使用期间，还应当包括产品的储存、安装、维护、报废等各个阶段。

(3) 对于产品的使用范围而言，不仅包括产品说明书中所声明的设计使用用途，还包括可以合理预见的其他使用情形。

(4) 产品的使用者均应当视为没有接受过任何专业训练的非专业人员。复杂产品的安装和维护人员，可以认为是接受过培训的人员；通常只有熟练技术人员，才可以认为是专业人员；即便如此，产品在设计和制造时都应尽可能考虑对所有这些人员的安全防护。

(5) 不会对人和动物的健康和安全以及财产构成危害，并非意味着已经消除所有的危害、产品不存在任何危险，而是所有可预见的潜在危害已经得到充分考虑，已经控制在可接受范围内，不会立即产生严重的危害。

3. 产品安全认证

什么是产品
安全认证

凡根据产品安全标准或者产品标准中有关安全项目对产品进行认证的行为，称为产品安全认证。它是对产品在生产、储运、使用过程中是否具备保证人身安全与避免环境遭受危害等基本性能的认证。在许多国家和地区，产品安全认证通常都是强制性认证。在国内实行安全认证的产品，必须符合《中华人民共和国标准化法》中有关强制性标准的要求。

一个国家的认证，是在国家相关法律、法规、政策等的指引下，由认证管理部门、认证机构、标准机构、检查机构、检测机构和计量机构等在各自的领域展开相关工作的社会活动，与国家的政治制度和经济水平密切相关。目前并不存在一种全世界通行的认证。

上述提到的认证管理部门包括国家相关管理部门、认可机构和市场检查机构等。这些部门和机构主要负责规范认证行为，对相关的机构进行授权、认可和监管。目前，中国的认证管理部门主要是"国家认证认可监督管理委员会"。

上述提到的认证机构是独立的、第三方的组织或实体，负责对产品、系统、服务、流程等进行审核、测试和评估，以确定其是否符合特定的标准、规范、法规或要求。认证机构的主要任务是验证产品或服务的质量、性能、安全性等方面的符合性，并向制造商、提供商或服务提供者颁发认证证书，以证明其产品或服务符合特定的标准或规定。认证机构是认证的实施主体，在认证体系中扮演着重要的角色。

上述提到的标准机构是按照授权，负责制定、发布、修订和撤销相关标准的机构。这些标准可以涵盖产品、技术、服务、流程、管理体系等各个领域。中国的标准机构是"国家标准化管理委员会"及其下属单位。

上述提到的检查机构的主要职责是根据授权或委托，派出经过注册或认定的检查人员，按照认证的规定，对申请产品认证的企业的质量保证体系进行现场考察，做出是否满足认证要求的评定，并向认证机构提交报告，作为认证的重要依据。

上述提到的检测机构是专门从事产品、材料、设备等的检验、测试、验证工作的机构或实体。检测机构的主要任务是根据特定的标准、规范、法规或要求，对产品的质量、性能、安全性等方面进行检测和评估，以确定其是否符合相应的要求。

上述提到的计量机构的主要职责是确保检测所使用的仪器设备的准确性和溯源性，确保检测结果可信。

每个国家都有自己的国情，有不同的地理环境、文化和技术水平以及本国保护意识，因此都会制定一套适合本国的产品安全认证体系，有不同的安全标准和认证机构。国内产品出口到其他国家或区域，应当获取相应国家或区域所要求的强制性或自愿性安全认证才能进行销售。不同国家和区域的安全认证标志如表1.1.3所示。

表 1.1.3　不同国家和区域的安全认证标志

国家或区域	管理组织	认证标志	国家或区域	管理组织	认证标志
美国	UL (美国保险商实验室)		加拿大	CSA (加拿大标准协会)	
	Intertek (天祥)		欧盟		
德国	VDE (德国电气工程师协会)		英国	BSI (英国标准协会)	
	TÜV (德国技术监督协会)		澳大利亚&新西兰	RCM (澳大利亚与新西兰监管机构)	
	ZLS (德国联邦安全中心机构)		瑞士	SEV (瑞士电工协会)	
挪威	NEMKO (挪威电器标准协会)		丹麦	DEMKO (丹麦电器标准协会)	
瑞典	SEMKO (瑞典电器标准协会)		芬兰	FIMKO (芬兰电器标准协会)	
俄罗斯	GOST-R (俄罗斯国家标准认证中心)		尼日利亚	SON (尼日利亚国家标准局)	
韩国	KTL (韩国产业技术试验院)		新加坡	ESG (新加坡企业发展局)	
日本	NITE (日本工业技术研究院)	(特定产品) (非特定产品)	阿根廷	IRAM (阿根廷标准化与认证研究所)	

4. 产品安全认证标准

产品安全认证的依据是技术法规和标准，ISO/IEC 指南 2：2004《标准化和相关活动的通用术语》(简称 ISO/IEC 指南 2)对"技术法规"的定义是：规定技术要求的法规，它或者直接规定技术要求，或者通过引用标准、技术规范或规程来规定技术要求，或者将标准、技术规范或规程的内容纳入法规中。技术法规是指强制执行的规定产品特性或与其有关的加工和生产方法、包括适用的管理规定在内的技术文件。ISO/IEC

什么是产品安全
认证标准

指南 2 对"标准"的定义是：由有关各方根据科学技术成果与先进经验，共同合作起草并由标准化团体批准、一致或基本上一致同意的技术规范或其他公开文件，其目的在于促进最佳的公众利益。

技术法规和标准的差异体现在四个方面。一、法律效力不同。通常技术法规是强制执行的，而标准是自愿执行的。在中国，根据《中华人民共和国标准化法实施条例》的规定，强制性标准等同于技术法规，推荐性标准为自愿执行的。二、制定主体不同。技术法规是由国家立法机构、政府部门或其授权的其他机构制定的文件，而标准则是由公认机构批准的文件。三、制定目的不同。技术法规的制定主要是出于国家安全要求以及防止欺诈行为、保护人类健康或安全、保护动植物健康或安全、保护环境等目的，体现为对公共利益的维护，而标准的制定则偏重于指导生产、保证产品质量、提高产品的兼容性。四、内容不同。技术法规为保持其内容的稳定性和连续性，一般侧重于规定产品的基本要求，而标准通常规定具体的技术细节。另外，与标准相比，技术法规除包括关于产品特性或其相应加工和生产方法的规定之外，还包括适用的管理规定。

尽管两者有着明显不同，但也存在必然联系，即技术法规是制定标准的依据，标准是制定技术法规的技术基础。通常，标准的概念比较广泛，而技术法规一般表现为相关国家的强制性技术要求总则，可以理解为特别层次的标准。产品认证的标准一般采用认证机构认可范围内的标准，通常是认证机构所在国家的标准。当没有相关的国家标准时，可采用区域标准或行业标准。通常采用标准的次序依次为区域标准、国家标准、行业标准等。

1) 电子电器产品的安全标准

电子电器产品的认证可能涉及安全、电磁兼容、可靠性、能效以及有毒有害物质等，这里主要介绍电子电器产品相关的安全认证标准。不同类型产品会有不同的认证标准，而某些同一类型的产品会有通用的安全要求，个别具体的产品会有特殊的安全要求，进行检测时在满足通用安全要求的同时还应满足特殊安全要求。

我国的很多国家标准是由国际标准转化而来的，转化过程中会考虑我国的经济、文化、社会和技术等方面的特点。在我国《采用国际标准管理办法》中，第十二条规定"我国标准采用国际标准的程度，分为等同采用和修改采用"，第十三条提到等同采用和修改采用的代号分别为 IDT 和 MOD，第十七条提到了非等效(NEQ)。到 2017 年年底，我国国家标准采用国际标准的比率为 85.47%，而我国提出制定的国际标准占比却比较低。不同类型电子电器产品的国家和国际安全标准如表 1.1.4 所示。

表 1.1.4　不同类型电子电器产品的安全标准

产品类型	国家安全标准	国际安全标准
音视频、信息技术和通信技术设备	GB 4943.1—2022(通用要求)	IEC 62368-1：2018
家电设备	GB 4706.1—2005(通用要求)	IEC 60335-1：2004
	GB 4706.27—2008(风扇的特殊要求)	IEC 60335-2-80：2004
	GB 4706.32—2012(热泵、空调器和除湿机的特殊要求)	IEC 60335-2-40：2005
	GB 4706.20—2004(滚筒式干衣机的特殊要求)	IEC 60335-2-11：2002
	GB 4706.24—2008(洗衣机的特殊要求)	IEC 60335-2-7：2008
	GB 4706.26—2008(离心式脱水机的特殊要求)	IEC 60335-2-4：2006
	GB 4706.7—2014(真空吸尘器和吸水式清洁器具的特殊要求)	IEC 60335-2-2：2009
	GB 4706.21—2008(微波炉，包括组合型微波炉的特殊要求)	IEC 60335-2-25：2006
	GB 4706.19—2008(液体加热器的特殊要求)	IEC 60335-2-15：2005
照明设备	GB 7000.1—2015(灯具　第 1 部分：一般要求与试验)	IEC 60598-1：2014
	GB 19510.1—2009(灯的控制装置　第 1 部分：一般要求和安全要求)	IEC 61347-1：2007
医用电气设备	GB 9706.202—2021(高频手术设备及高频附件的基本安全和基本性能专用要求)	IEC 60601-2-2：2017
	GB 9706.225—2021(心电图机的基本安全和基本性能专用要求) …	IEC 60601-2-25：2011 …
儿童玩具	GB 6675.1—2014(玩具安全　第 1 部分：基本规范)	ISO 8124-1：2022
电路开关及保护或连接用电器装置	家用和类似用途插头插座： 　　GB/T 1002—2021(单相 型式、基本参数和尺寸) 　　GB/T 1003—2016(三相 型式、基本参数和尺寸) 　　GB/T 2099.1—2021(通用要求) 　　GB/T 2099.2—2012(器具插座的特殊要求) 　　GB/T 2099.4—2008(固定式无联锁带开关插座的特殊要求) 　　GB/T 2099.5—2008(固定式有联锁带开关插座的特殊要求) 　　GB/T 2099.7—2015(延长线插座的特殊要求)	家用和类似用途插头插座： 无 无 IEC 60884-1：2013 IEC 60884-2-2：2006 IEC 60884-2-3：2006 IEC 60884-2-6：1997 IEC 60884-2-7：2013

2) 国家标准的编号规则

依据《国家标准管理办法》，国家标准的编号由国家标准的代号、国家标准发布的顺序号和国家标准发布的年份号构成。国家标准的代号由大写汉语拼音字母构成。强制性国家标准的代号为"GB"，其编号规则如图 1.1.1 所示；推荐性国家标准的代号为"GB/T"，其编号规则如图 1.1.2 所示。

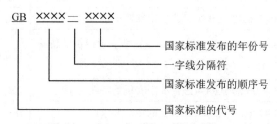

图 1.1.1　强制性国家标准的编号规则

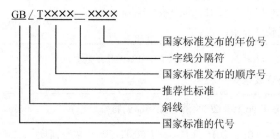

图 1.1.2　推荐性国家标准的编号规则

5. GB 4943.1—2022 国家标准

1) 信息技术产品国家安全标准的发展历程

随着社会经济的快速发展及技术的不断进步，越来越多的电子产品出现在人们的日常生活中，影响着人们的工作、学习、娱乐等各方面。随着国际经济贸易全球化进程的不断深入，电子产品标准化也由最初各国单独

产品安全标准的理念

制定国家或区域标准，逐渐发展到成立国际组织，制定统一的国际标准，从而规范电子产品的设计、生产、评价等环节，使电子产品在全球得以更方便、快捷地流通起来。

国际标准化组织(如 IEC、ISO 等)和区域标准化组织(如欧洲电工标准化委员会(CENELEC)等)都在各自范围内起草和发布标准，如 IEC 标准、EN(欧洲标准)等。IEC 作为世界上成立最早的国际性电工标准化机构，负责起草和发布所有电工、电子和相关技术领域的国际标准。目前，IEC 标准已被国际社会普遍认同和采用，很多国家/地区的标准都等同或等效地采用了相应的 IEC 标准，包括同样具有影响力的 EN 等。

我国从 20 世纪 80 年代开始采用 IEC 标准，GB 4943 第 1 版是 1985 年发布的，等同采用了 IEC 435：1983。随着音视频设备和信息技术设备功能的融合，越来越多的设备难以明确区分属于音视频设备还是信息技术设备。产品功能的多元化导致单一安全标准不能满足产品需求，因此，IEC/TC 108 制定了新的音视频、信息技术和通信技术设备的安全标准 IEC 62368，将 IEC 60950 与 IEC 60065 合二为一。我国在 2022 年对标国际标准，也对国家标准进行了修订，公布了 GB 4943.1—2022。IEC 标准与我国国家标准的版本对照如表 1.1.5 所示。

表 1.1.5　IEC 标准与我国国家标准的版本对照表

IEC 标准版本	我国国家标准版本
IEC 435：1983	GB 4943—1985《数据处理设备的安全》
IEC 950：1986　第 1 版	GB 4943—1990《信息技术设备(包括电气事务设备)的安全》
IEC 950：1991　第 2 版	GB 4943—1995《信息技术设备(包括电气事务设备)的安全》
IEC 950：1991+Amd1(1992)+Amd2(1993)+ Amd3 (1995)+Amd4(1996)	无
IEC 60950：1999　第 3 版	GB 4943—2001《信息技术设备的安全》
IEC 60950-1：2001　第 1 版	无
IEC 60950-1：2005　第 2 版	GB 4943.1—2011《信息技术设备　安全 第 1 部分：通用要求》
IEC 60950-1：2005+Amd1(2009)	无
IEC 62368-1：2014　第 2 版	无
IEC 62368-1：2018　第 3 版	GB 4943.1—2022《音视频、信息技术和通信技术设备 第 1 部分：安全要求》

2) GB 4943.1—2022 的变化

(1) 适用范围扩大。

GB 4943.1—2022 国家标准替代了 GB 4943.1—2011 和 GB 8898—2011 两个标准，涵盖了音视频设备、信息技术设备、通信技术设备三大类设备，也就是我们常说的"电子产品"。GB 4943.1—2022 国家标准更加顺应设备不断融合的发展趋势，给出了统一的安全框架和最低安全基线要求。因此，GB 4943.1—2022 国家标准能够更好地符合当前行业发展需要。

(2) 技术上进行了优化升级。

① 与前一版本相比，GB 4943.1—2022 国家标准采取了国际标准 IEC 62368 所提出的全新安全理念，引用了基于危险的安全工程(HBSE)，强调在产品开发前期就纳入安全设计的概念，以防止潜在威胁。

② 对电子产品的危险源进行了分类和分级，增加了危险源的分类和分级的差异，包括电能量危险源(ES)、功率危险源(PS)、机械危险源(MS)、热能危险源(TS)和辐射危险源(RS)，并将每类危险源分为 3 级，针对这 5 类危险源的每一级提出了对应的安全防护要求。

③ 明确要求无线功率发射器需要具备识别金属异物的功能，并能及时停止对异物进行能量传输。

④ 引用了欧盟偏差中声压的要求，并对个人音乐播放器和配套用的耳塞式耳机或头戴式耳机的声压极限值提出了安全测试要求。

⑤ 对电池安全问题进行了重点考虑，提出电池的过充电保护、温度保护、外壳防火、跌落防护等安全要求，并充分考虑了因钥匙、项链等金属物体短接电池而造成短路，以及由上述问题引发的漏液、燃烧、爆炸等安全问题。

⑥ 针对室外使用的设备、包含纽扣电池的设备、接地连续性和零部件等均有新要求。

(3) 与国际标准的差异。

基于我国建筑物供配电条件的特殊性，电子产品无法完全依赖建筑设施中的保护装置提供保护，GB 4943.1—2022 国家标准要求采用更严格的安全防护措施，要求电子产品自身需要具有相应的过流保护装置以及保护地和信号地需要采取隔离措施等。

基于我国地理条件的特殊性，GB 4943.1—2022 国家标准加入了安全要求的技术差异。国际标准主要是针对海拔 2000 m 以下的地区制定的，而我国有接近三分之一的国土海拔在 2000 m 以上，并且有大量人口居住，那里空气较为稀薄，更容易发生电气击穿，进而造成电击伤害。为了高海拔地区的人民群众也能安全使用电子产品，GB 4943.1—2022 国家标准要求在设计、制造电子产品时，对空气绝缘进行加严要求。

基于我国气候条件的特殊性，GB 4943.1—2022 国家标准加入了安全要求的技术差异。考虑到我国有广大地区是热带气候，该气候下的高温高湿会降低材料的绝缘性能，GB 4943.1—2022 国家标准引入了相应的技术差异，保障了我国热带气候地区消费者使用的电子产品的安全性。

3) 标准初识

GB 4943.1—2022 产品安全标准(以下简称标准)相对于 GB 4943.1—2011，一个很大的改变就是从能量源分级的整体角度来规定安全防护。标准对各种能量源进行了分级，并规定了针对不同等级的能量源采取的安全防护，同时提供了应用安全防护的指导以及针对安全防护的要求。所规定的安全防护预定用来减小疼痛、伤害以及着火情况下财产损失的可能性。

安全防护

标准规定了保护三类人员的安全防护，即一般人员、受过培训的人员和熟练技术人员的安全防护。其中：

一般人员是指除受过培训的人员和熟练技术人员以外的所有人员。一般人员不仅包括设备的使用人员，还包括可能会触及设备的或可能会处于设备附近的所有人员。在正常工作条件或异常工作条件下，一般人员不得暴露在含有能引起疼痛或伤害的能量源的零部件中。在单一故障条件下，一般人员不得暴露在含有能引起伤害的能量源的零部件中。

受过培训的人员是指经过熟练技术人员指导和培训的，或受熟练技术人员监督、能识别可能引起疼痛的能量源(见表 1.1.6)，并能采取预防措施，避免无意接触到那些能量源或暴露在那些能量源下的人员。在正常工作条件、异常工作条件或单一故障条件下，受过培训的人员不得暴露在含有能引起伤害的能量源的零部件中。

表 1.1.6　标准中各级别能量源所引起的反应

能量源	对人体的影响	对可燃材料的影响
1 级	不疼痛，但可以感觉到	不可能点燃
2 级	疼痛，但不引起伤害	可能点燃，但火焰的增长和蔓延有限
3 级	引起伤害	可能点燃，火焰迅速增长和蔓延

熟练技术人员是指在设备的技术方面经过培训或具有经验，特别是知晓设备中使用的各种能量源和能量大小的人员。熟练技术人员预期能应用他们所获得的培训知识和经验来识别可能引起疼痛或伤害的能量源，并能采取保护措施防止受到那些能量源的伤害。熟练技术人员也要受到防护以避免无意接触或暴露在能引起伤害的能量源下。

标准列出了各种能量源，以及能量传递到人体导致的疼痛或伤害，还包括因火焰蔓延到设备外部而导致财产损失的可能性。引起疼痛或伤害的能量源是对人体部位或由人体部位传递某种形式的能量，从而引起疼痛或伤害。这一概念用如图 1.1.3 所示的三框图模型来表示。这些疼痛或伤害包括电引起的伤害、电引起的着火、有害物质引起的伤害、机械引起的伤害、热灼伤和辐射伤害等。

图 1.1.3　标准中疼痛和伤害的三框图模型

在实际中，许多产品需要使用能引起疼痛或伤害的能量。因此，这些产品宜采用能减小这种能量传递到人体部位的可能性的方案。能减小这种能量传递到人体部位的可能性的方案就是安全防护，如图 1.1.4 所示。安全防护包括设备级安全防护、安装性安全防护、个人安全防护和行为性安全防护。

图 1.1.4　标准中安全的三框图模型

(1) 设备级安全防护可以是基本安全防护、附加安全防护、双重安全防护或加强安全防护。

(2) 安装性安全防护可以在设备安装说明书中做出规定。通常就设备而言，安装性安全防护是附加安全防护。

(3) 个人安全防护可以是基本安全防护、附加安全防护或加强安全防护。

(4) 行为性安全防护是一种主动的或受过指导的行为，以减小能量传递到人体部位的可能性。每种行为性安全防护与特定类别的人员相关。指示性安全防护通常针对一般人员，但也可以针对受过培训的人员或熟练技术人员。预防性安全防护是由受过培训的人员使用的。技能性安全防护由熟练技术人员使用。

1.1.2　标准获取

国家标准全文的获取准备单如表 1.1.7 所示。

表 1.1.7　国家标准全文的获取准备单

名称	国家标准全文的获取	
准备清单	准备内容	完成情况
设备	准备好手机或电脑	是(　) 否(　)
查找的网址或公众号名称	明确"国家标准全文公开系统"的网址	是(　) 否(　)
	明确"国家标准全文公开系统"的公众号名称	是(　) 否(　)
标准编号或关键词	明确要求查找的标准编号	是(　) 否(　)
	明确要求查找的标准关键词	是(　) 否(　)
	明确标准的查找方法	是(　) 否(　)

　　国家标准来源广泛，涉及各个行业，对企业、生产者、消费者以及政府监管部门来说都具有重要意义。以往相关标准仅供内部机构使用，缺乏有效的公开机制。针对这一状况，国家市场监督管理总局和国家标准化管理委员会主办了国家标准全文公开系统，该系统旨在为全社会提供标准信息的公开和共享服务，同时满足行业的需求。特别是在企业生产制造领域，标准信息的准确、及时获得可以帮助企业制定更加科学的生产管理流程，提升生产效率与产品质量，降低生产成本。同时在教育培训领域，国家标准全文公开系统也为学生和专业人士提供了一个方便的学习和交流平台。

　　通过搜索引擎搜索"国家标准全文公开系统"可获取访问网址，或者直接访问 https://openstd.samr.gov.cn/，也可关注微信公众号"中国标准信息服务网"进行访问。国家标准全文公开系统首页如图 1.1.5 所示。当前系统收录了现行有效强制性国家标准 2000 多项、推荐性国家标准 40 000 多项，部分可在线阅读和下载。为方便各类用户的查询活动，该系统首页的右侧提供了"普通检索""标准分类""高级检索"三种查询检索模式，默认为"普通检索"。

　　现以"普通检索"模式为例，展示标准查询流程。如果准确知道标准号或标准名称，可以直接在检索框中输入标准号或标准名称，如图 1.1.6 所示。点击"检索"，系统会给出查询结果，如图 1.1.7 所示。点击"查看详细"后，会进入详情页，再选择"在线预览"就可以查看标准全文，如图 1.1.8 所示。

图 1.1.5　国家标准全文公开系统首页

图 1.1.6　在检索框中输入要查询的标准

图 1.1.7　检索查询结果的页面

图 1.1.8　所查询的标准详情页面

　　如果不清楚具体的标准号或标准名称，也可以通过在检索框中输入关键词进行检索。例如在检索框中输入关键词"无人机"，如图 1.1.9 所示；点击"检索"，系统会给出查询结果，从关键词查询结果中选择所要查找的标准，如图 1.1.10 所示，点击"查看详细"后再选择"在线预览"，即可查看标准全文。

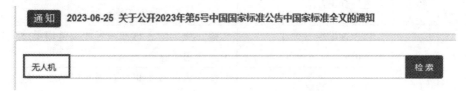

图 1.1.9　在检索框中输入关键词

序号	标准号	是否采标	标准名称	类别	状态	发布日期	实施日期	操作
1	GB/T 38924.11-2...		民用轻小型无人机系统环境试验方法 第11部分：噪声试验	推标	即将实施	2023-05-23	2023-12-01	查看详细
2	GB/T 41450-2022		无人机航空遥感监测的多传感器一致性检测技术规范	推标	现行	2022-04-15	2022-04-15	查看详细
3	GB/T 41300-2022		民用无人机唯一产品识别码	推标	现行	2022-03-09	2022-10-01	查看详细
4	GB/T 39567-2020		多旋翼无人机用无刷伺服电动机系统通用规范	推标	现行	2020-12-14	2021-07-01	查看详细
5	GB/T 38905-2020		民用无人机系统型号命名	推标	现行	2020-07-21	2021-02-01	查看详细
6	GB/T 38924.8-2020		民用轻小型无人机系统环境试验方法 第8部分：盐雾试验	推标	现行	2020-07-21	2021-02-01	查看详细
7	GB/T 38924.10-2...		民用轻小型无人机系统环境试验方法 第10部分：砂尘试验	推标	现行	2020-07-21	2021-02-01	查看详细
8	GB/T 38924.2-2020		民用轻小型无人机系统环境试验方法 第2部分：低温试验	推标	现行	2020-07-21	2021-02-01	查看详细
9	GB/T 38924.4-2020		民用轻小型无人机系统环境试验方法 第4部分：温度和高度试验	推标	现行	2020-07-21	2021-02-01	查看详细
10	GB/T 38924.9-2020		民用轻小型无人机系统环境试验方法 第9部分：防水性试验	推标	现行	2020-07-21	2021-02-01	查看详细

图 1.1.10　从关键词查询结果中选择所要查找的标准

1.1.3　技能考核

标准查找技能考核表如表 1.1.8 所示。

表 1.1.8　标准查找技能考核表

技能考核项目	操作内容		规定分值	评分标准	得分
课前准备	阅读标准,回答信息问题,完成本任务学习单		15	根据回答信息问题的准确度,分为 15 分、12 分、9 分、6 分、3 分和 0 分几个挡。允许课后补做,分数降低一个挡	
实施及操作	标准查找准备	准备好查找工具(手机/电脑)	5	准备好可用的手机或电脑得 5 分,否则得 0 分	
		明确所要查找标准的编号或关键词	15	能根据客户或教师的要求确定所要查找标准的编号或者能准确提炼出关键词得 15 分,否则酌情给分	
		明确"国家标准全文公开系统"的网址或公众号名称	15	能在电脑上准确地输入国家标准全文公开系统的网址或者在手机上找到公众号得 15 分,否则酌情给分	
	标准查找步骤	进入标准查找系统	5	能正确进入电脑或手机端的标准查找系统得 5 分,否则酌情给分	
		选择查找方法	5	能从三种查找方法中正确选择合适的查找方法得 5 分,否则酌情给分	
		输入标准编号或关键词	5	能正确地输入标准编号或关键词得 5 分,否则酌情给分	
		获得查询结果	5	能在电脑或手机端获得正确的查询结果得 5 分,否则酌情给分	
	标准查找结果	选择正确的标准	10	能从查询结果中选择正确的标准得 10 分,否则酌情给分	
		找到要求的标准内容	20	能够打开标准全文网页,并找到要求的章节或内容得 20 分,否则酌情给分	
总分					

本任务整体评价表如表 1.1.9 所示。

表 1.1.9　本任务整体评价表

序号	评价项目	评价方式	得分
1	技能考核得分(20%)	教师评价	
2	小组贡献(10%)	小组成员互评	
3	课件完成情况(20%)	教师评价	
4	PPT 汇报(50%)	全体学生评价	

1.1.4　课后练一练

(1) 根据《行业标准管理办法》和《地方标准管理办法》，分别写出行业标准和地方标准的编号规则。

(2) 说明技术法规与标准的区别。

(3) 获得 GB 4943.1—2022 标准全文，在标准的"前言"部分查找并说明国家标准 GB 4943.1—2022 与国际标准 IEC 62368-1：2018 在电气间隙和湿热处理两个方面要求的差异。

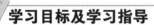

任务 1.2　向客户介绍电子产品安全认证流程

情景引入

在介绍完电子产品安全认证的相关知识和要求后，业务经理分享了电子产品安全认证的流程。请你整理相关资料并制作 PPT，准备向客户介绍电子产品安全认证的流程以及如何进行电子产品的中国强制性产品认证(简称 CCC 认证)申请。

思政元素

企业在生产电子产品时应严格按照产品认证流程进行认证，同时企业要负起社会责任，确保产品安全，保护消费者权益(道德教育)。

学习目标及学习指导

本任务学习目标及学习指导如表 1.2.1 所示。

表 1.2.1　本任务学习目标及学习指导

任务名称	向客户介绍电子产品安全认证流程	预计完成时间：4 学时
知识目标	◇ 了解电子产品认证流程 ◇ 能解释产品的 CCC 认证	
技能目标	◇ 能制作 PPT 进行电子产品安全认证流程宣讲 ◇ 能根据操作指导书在中国质量认证中心(CQC)官网完成产品的 CCC 认证申请	
素养目标	◇ 能与客户进行良好的业务交流 ◇ 培养团队成员研讨、分工与合作的能力	

学习指导	◇ 课前学：学习电子产品认证流程、CCC 认证，完成向客户介绍电子产品安全认证流程学习单
	◇ 课中做：通过观看视频和教师演示与讲解，按照步骤，规范、准确地完成为客户代理 CCC 认证申请，并完成为客户代理 CCC 认证申请准备单
	◇ 课中考：完成本任务技能考核表
	◇ 课后练：完成业务宣讲课件的制作、课后习题

1.2.1 相关术语

为了完成本任务，请先阅读本节认证流程与 CCC 认证等内容，并完成本任务学习单，如表 1.2.2 所示(课前完成)。

表 1.2.2 本任务学习单

任务名称	向客户介绍电子产品安全认证流程
学习过程	回答问题
信息问题	(1) 从企业的角度来看，产品的认证流程可分为哪几个阶段？ (2) CCC 认证的中文和英文名称分别是什么？CCC 产品认证范围有哪几类？分别是什么？ (3) 请描述 CCC 认证流程的 5 个阶段。 (4) 企业在申请 CCC 认证前需要准备哪些资料？

1. 认证流程

从企业的角度来看，产品的认证流程大致可以分为以下几个阶段：认证准备阶段、认证申请阶段、认证实施阶段、认证完成阶段和认证后续跟踪阶段。

1) 认证准备阶段

对于企业而言，认证准备阶段的主要任务是明确自身产品认证的目的和需求，寻找合适的认证机构。企业开展产品认证，最终目的都是为产品走向市场拿到通行证或者敲门砖。

因此，企业在认证准备阶段应当充分了解自身认证的目的，结合自身的发展战略，精心策划，避免开展无谓的认证活动而浪费资源。

2) 认证申请阶段

在认证申请阶段，企业工作的重点是确认认证机构的资格和认可范围，完成相关的认证申请手续等。企业要先了解准备开展认证的认证机构的资格，特别是通过认证咨询机构开展认证的情形，企业要确认待认证的产品是在该认证机构所取得的认可范围内的，以免得到的是无效或虚假的认证证书，给企业造成不必要的经济损失。

当企业确认好认证机构的资格后，就可以开始正式的认证申请了。企业可自己或委托代理通过书面的方式向认证机构提出认证申请，并提交产品的基本技术档案，以便认证机构估算认证周期和认证费用等。如果可能，在某些条件下提供一台工程样品可以提高双方的沟通效率。如果企业申请的是国外认证，所有的产品资料一般应以英文提供，使用说明书则必须使用相关国家的官方语言。国外各个认证机构具体要求的资料内容和语言都不尽相同，企业应对此给予尽可能多的配合。

认证机构在收到企业的书面申请和产品的基本资料后，一般能够在几个工作日内给出认证费用估算。企业在收到报价后，应仔细了解认证费用的组成、是否存在后续费用，以及后续费用的金额等。此外，企业还应当了解认证的流程、认证依据的技术规则和标准，避免在认证过程中双方对采用的技术规则和标准产生争议。

企业在确认认证机构的资质，接受认证周期、认证费用和认证依据的标准后，双方就可以签署认证合同。一旦企业支付认证费用、提交认证样品和补充资料，就进入认证实施阶段了。

3) 认证实施阶段

在认证实施阶段，一方面，企业的任务是配合认证机构的工作，最大限度地提供技术支持及认证机构所需的样品和资料，以便能够在双方约定的期限前顺利完成认证；另一方面，企业还应采用项目管理的方式，积极控制项目的进度，对认证机构提出的问题积极回复或处理，一旦出现问题主动进行整改，采取有效措施确保认证的进度，以免出现拖延而给企业造成损失。

此外，根据产品认证模式的不同，在认证过程中有可能涉及认证机构(或检查机构)对企业的生产工厂进行首次审查，以确保企业有足够的能力来保证批量生产的产品质量与认证的产品质量是一致的。

4) 认证完成阶段

通常在认证完成后，认证机构会向企业颁发认证证书，并授权企业按照一定的原则使用认证标志。企业应当向认证机构索取产品的认证评估报告，这是因为认证证书仅提供了通过相关认证的结论，许多具体的信息包含在报告中，而且根据认证模式的不同，证书和报告的作用也是不同的。如果产品认证属于强制性认证，许多场合下认证证书就可以满足大部分的需求，报告更多时候只是用于提供补充信息；如果产品认证属于自愿性认证，报告的作用往往比证书更加有效，这种情况下证书仅仅起到报告摘要的作用，而相应的符合性证书是没有任何法律效力的。因此，在认证完成后，企业应当尽可能向认证机构索取产品的认证评估报告。

企业还应当要求认证机构对企业提供的产品技术档案进行确认，特别是在认证过程中出现需要提供补充资料，或者出现整改现象的时候，要确保认证机构和企业的产品技术档案是一致的，这样一旦产品遭受质疑，不会出现由于两者档案不一致而产生纠纷的情况。在认证完成后，企业最好向认证机构索回认证样品，特别是当样品包含企业的商业秘密时，因为许多时候产品认证往往是在为产品投放市场做准备，企业在向市场推出产品之前，应尽可能采取必要的措施来保护自己的商业秘密。

5) 认证后续跟踪阶段

当企业从认证机构获得认证证书、报告等文件后，认证机构的工作即告一段落，对于企业而言，则进入了认证后续跟踪阶段。在这个阶段，企业需要跟进的工作主要有认证资料的归档，认证标志的使用，应对针对产品的投诉，应对认证机构或检查机构的工厂审查，产品设计、制造工艺更改的确认等。

认证资料的归档工作并不只是将认证证书保管好，更重要的是将产品认证中的信息有效传达到相关的部门和个人，如业务部门、生产部门、售后服务部门等。

认证标志的使用是认证后续跟踪阶段的一项重要工作。认证标志的使用，有的是通过授权合约的方式，有的是通过购买特制标志的方式。企业在取得认证后，应当了解认证标志的使用方式和使用限制，避免出现误用认证标志导致产品遭受质疑甚至退货的情况。

对于企业而言，认证后续跟踪阶段的另一项重要工作就是取得对认证产品的设计修改的确认。在实际生产和销售中，企业会不断对旧型号产品进行改进，如更换部件供应商或修改产品的外观结构，任何对产品的改进都意味着产品和认证时的产品是不一致的。因此，原则上，任何对认证产品的改动，都应当及时和认证机构沟通，并得到认证机构的确认，从而确保认证的有效性。一旦出现任何对产品的投诉，都可以要求认证机构协助并承担相应的责任。实际中，为了减少这种确认带来的工作量的增加和成本的上升，企业可以在产品认证准备阶段就对可能出现的一些产品修改进行预测，包括供应商的更换、产品结构的变化，通过产品系列认证的方式来降低认证费用、缩短认证周期。

2. CCC 认证

1) CCC 认证简介

CCC 认证可简称为 3C 认证，即中国强制性产品认证，英文名称为 China Compulsory Certification，其标志如图 1.2.1 所示。2001 年 12 月 3 日，国家质检总局发布了《强制性产品认证管理规定》，以中国强制性产品认证制度替代原来的进口商品安全质量许可制度(CCIB)、电工产品安全认证制度(长城认证)、国家安全认证(CCEE)，即实现三证合一。CCC 认证的实

图 1.2.1 CCC 认证标志

施和监管由国家认证认可监督管理委员会(简称国家认监委)执行，由其授权认可的 15 家发证机构和 152 家实验室具体执行，受理列入强制性产品目录的产品的认证申请。目录中的这些产品必须通过 CCC 认证并加施 CCC 认证标志才能在市场上销售。

2) CCC 产品认证范围

中国国家认证认可监督管理委员会统一负责国家强制性产品认证制度的管理和组织实施工作。对于实行国家强制性认证的产品，由国家公布统一的目录，确定统一适用的国家

标准、技术规则和实施程序，制定统一的标志，规定统一的收费标准。凡列入强制性产品认证目录内的产品，必须经国家指定的认证机构认证合格，取得相关证书并加施认证标志后，方能出厂销售、进口和在经营性活动中使用。中国强制性产品认证制度于 2002 年 5 月 1 日起实施。列入第一批实施强制性产品认证目录内的产品共有 19 大类 132 种，时至 2023 年，列入强制性产品认证目录内的产品共有 16 大类 96 种。为了规范产品名称，中国国家认证认可监督管理委员会还专门发布了产品对应的 HS 编码目录，避免在 CCC 认证执行中因为产品名称的不一致而出现混乱，这是 CCC 认证最有特色之处。采用产品目录来界定认证范围，优点是简洁明了，减少争议；不足之处则是无法及时覆盖功能创新、样式创新的新型产品。CCC 产品认证范围如图 1.2.2 所示。

图 1.2.2　CCC 产品认证范围

3) CCC 认证合格评定依据

中国强制性产品认证制度是以《中华人民共和国产品质量法》《中华人民共和国进出口商品检验法》《中华人民共和国标准化法》等法律为依据建立的。《强制性产品认证管理规定》是实施强制性产品认证制度的基础文件，对应目录中每类产品发布的《强制性产品认证实施规则》则是认证机构实施认证、制造商申请认证和地方执法机构对特定产品进行监督检查等的基本依据文件。

认证实施规则中所列标准采用的是最新的有效国家标准、行业标准和相关规范。标准更新时，认证实施规则中所列标准自动更新。有关强制性认证所采用的标准可以从中国国家标准化管理委员会的网站查阅。

4) CCC 认证流程

(1) 产品认证申请。

① 凡具有法人地位并承诺在认证过程中承担应负责任和义务的企业，均可作为"申请人"在网上或以书面形式向认证机构提出认证申请。申请书按各认证机构标准格式填写，主要内容包括申请人信息、生产厂商信息、代理机构信息(选填)和产品信息，并按要求提供有关资料。

② 认证机构对申请资料进行评审并划分产品认证单元。

③ 资料评审合格后，向申请认证的企业发出"认证收费通知"和"送样通知"。

④ 确认申请认证的企业交纳认证费用后，认证机构向检测机构下达测试任务。

⑤ 申请认证的企业接到"送样通知"后，应及时按要求将样品和资料送交指定的检测机构实验室。检测机构实验室收到样品和资料并确认无误后，报认证机构并开始按认证时限进行计时。

(2) 产品型式试验。

① 接到样品后，检测机构实验室按申请认证的产品所依据的标准及技术要求进行检测试验。

② 型式试验合格后，检测机构实验室按规定的报告格式出具产品型式试验报告，送交认证机构进行评定。

(3) 工厂质量保证能力检查(CCC 认证主要审核内容)。

① 对初次申请认证的企业，认证机构在收到检测机构产品试验合格的报告后，向申请认证的企业发出工厂检查通知，同时向认证机构工厂检查组下达工厂检查任务函。

② 检查人员根据《强制性产品认证实施规则工厂质量保证能力要求》对申请认证的企业进行现场检查，并抽取一定的样品对检测结果的一致性进行核查。

③ 工厂检查合格后，检查组应按规定的报告格式出具工厂检查报告，送交认证机构进行审核评定。

(4) 认证结果评定及批准证书。

① 认证机构接到产品型式试验报告和工厂检查报告后，对认证产品做出评定。

② 评定合格后，由认证机构对申请认证的企业颁发认证证书。

(5) 获证后的监督。

① 认证机构对获证企业的监督每年不少于一次。认证机构将按批准的认证监督计划向获证企业发出认证监督检查和年金收费通知，同时向监督检查组下达监督任务通知，获证企业应根据要求做好准备。

② 若发生下述情况之一可增加监督频次：

➤ 获证产品出现严重质量问题或用户提出投诉，并经查实为持证人责任的；

➤ 认证机构有足够的理由对获证产品与安全和电磁兼容标准要求的符合性提出质疑时；

➤ 有足够信息表明生产者、工厂因变更组织机构、生产条件、质量管理体系等，可能影响产品符合性或统一性时。

③ 监督检查内容包括验证工厂的质量保证体系是否满足规定的要求，验证获证产品是否满足认证标准及有关技术条件的要求。监督检查组根据《强制性产品认证实施规则工厂质量保证能力要求》对获证企业进行现场监督，同时对获证产品进行抽样并封样，抽样样品由获证企业送指定检测机构。

④ 认证机构对监督检查组递交的"监督检查报告"和检测机构递交的"抽样检测试验报告"进行评定，评定合格的获证企业可继续保持认证证书。

5) 使用 CCC 标志

CCC 标志的使用必须遵守《强制性产品认证标志管理办法》。该办法明确规定：强制性产品认证标志为政府拥有的、与认证机构颁发的认证证书一起作为列入目录内产品进入流通和使用领域的标识。伪造、变造、盗用、冒用、买卖和转让认证标志以及其他违反认证标志管理规定的，按照国家有关法律法规的规定，予以行政处罚；触犯刑律的，依法追究刑事责任。

认证标志的图案由 CCC 基本图案和认证种类标注组成。在认证标志基本图案的右部印制认证种类标注，证明产品所获得的认证种类。认证种类标注由代表认证种类的英文单词的缩写字母组成，例如"S"代表安全认证(Safety)，"E"代表电磁兼容认证(EMC)。

根据国家认监委 2018 年第 10 号公告《国家认监委关于强制性产品认证标志改革事项的公告》，获证企业可以自行印刷、模压 CCC 标志，国家认监委不再指定机构进行统一发放。

为了配合 CCC 认证中对元器件的要求，一些机构推出了针对元器件的自愿性认证标志，这些认证标志并不属于 CCC 标志。CCC 强制产品认证流程如图 1.2.3 所示。

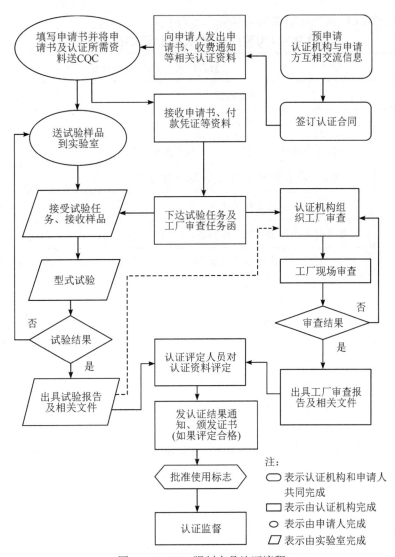

图 1.2.3　CCC 强制产品认证流程

6) 制造商责任

《强制性产品认证管理规定》明确规定了制造商在强制性产品认证制度实施过程中的义务：

(1) 自觉提出认证申请。

(2) 保证获得认证的产品始终符合认证实施规则的要求。

(3) 保证销售、进口和使用的产品为获得认证的产品。

(4) 按规定加施认证标志。

(5) 不得转让、买卖认证证书和认证标志或者部分出示、部分复印认证证书。

(6) 对取得认证的产品承担安全质量责任，不得因产品获得认证而转移相应责任。

1.2.2   CCC 认证申请

为客户代理 CCC 认证申请准备单如表 1.2.3 所示。

表 1.2.3   为客户代理 CCC 认证申请准备单

名称	为客户代理 CCC 认证申请	
准备清单	准备内容	完成情况
自身材料	准备好电脑	是( ) 否( )
	准备好中国质量认证中心产品认证业务系统账号	是( ) 否( )
	准备好所在的第三方认证公司(代理)信息	是( ) 否( )
客户资料	准备好客户确认表、工单	是( ) 否( )
	准备好客户的组织机构代码证、营业执照等	是( ) 否( )
	准备好技术资料	是( ) 否( )
	准备好样品	是( ) 否( )

1. 完成 CCC 认证线上申请操作

1) 需要准备的资料

(1) 客户确认表、工单。

(2) 组织机构代码证(限国内公司及工厂)、营业执照(首次申请)。

(3) 原始设备制造商(OEM)/原始设计制造商(ODM)协议(双方盖章)。

(4) 认证机构(CB)报告(如企业有则提供)。

(5) 技术资料(原理图、线路图、机构图、Layout 图、变压器规格书等)。

(6) 使用说明、中文简体标签、安全清单、EMC 清单等。

(7) 工厂检查、复查报告(需要厂检时)。

(8) 系列型号间的差异说明(可为电子文档)。

(9) 样品。

(10) 生产企业工厂质量保证能力自我评估报告/声明(需要厂检时)。

中国 3C 安全认
证申请流程

2) 线上申请的操作步骤

(1) 登录申请系统。

访问中国质量认证中心(CQC)产品认证业务在线申办系统，系统的网站地址为

http://www.cqccms.com.cn/cqc/reg.LoginCtl.regLogin.do

登录账号后，点击"填写认证申请书"，进入"填写 CCC 新申请"。账号申请不支持个人申请，可将学校作为申请单位进行申请。登录后进入的系统首页界面如图 1.2.4 所示。区域①为顶部导航区域，展示 CQC 认证基本信息、文件和外部链接；区域②为可切换中英文系统以及进行用户登录身份退出操作区域；区域③为功能主菜单区域；区域④为通知留言、系统消息；区域⑤为 CQC 公告信息；区域⑥为"我的申请"信息，汇总客户不同认证阶段的申请单数；区域⑦为"我的证书"信息，汇总客户不同状态的证书数量和即将到期的证书信息，提醒客户进行到期换证业务，同时可以查看证书的物流信息。

图 1.2.4　中国质量认证中心产品认证业务在线申办系统的首页界面

点击左侧主菜单 "我的申请"，再点击"填写认证申请书"，根据自己的需要填写不同认证类别的申请书，例如"填写 CCC 新申请书"，如图 1.2.5 所示。

图 1.2.5　登录后填写 CCC 新申请书

(2) 选择产品类别。

根据客户提供的原证书或者报价法规，选择对应的产品类别。首先确定产品大类，如图 1.2.6 所示；然后确定产品小类，如图 1.2.7 所示。

图 1.2.6　确定产品大类

图 1.2.7　确定产品小类

(3) 确定获证模式。

对于获证模式，新申请根据客户需求决定，派生申请则由原证书获证模式决定。常见获证模式有以下三种（如图 1.2.8 所示）。

① OEM 模式：生产厂根据制造商提供的设计、生产过程控制及检验要求，利用自身的质量管理体系和设备为制造商加工产品的制造模式，可以使用不同委托人/制造商的商标。

② ODM 模式：ODM 生产厂依据与制造商的相关协议等文件，为制造商设计、加工、生产产品的委托生产制造模式。

➤ ODM 生产厂：利用同一质量保证能力要求，同一产品设计、生产过程控制及检验要求等，为一个或多个制造商设计、加工、生产相同产品的工厂。

➤ ODM 初始认证证书持证人：持有 ODM 产品初次获得产品认证证书的组织。

③ 利用已获证书结果模式(认可其他机构认证结果除外)：除 ODM 模式外的利用已获证书结果获得证书的模式。

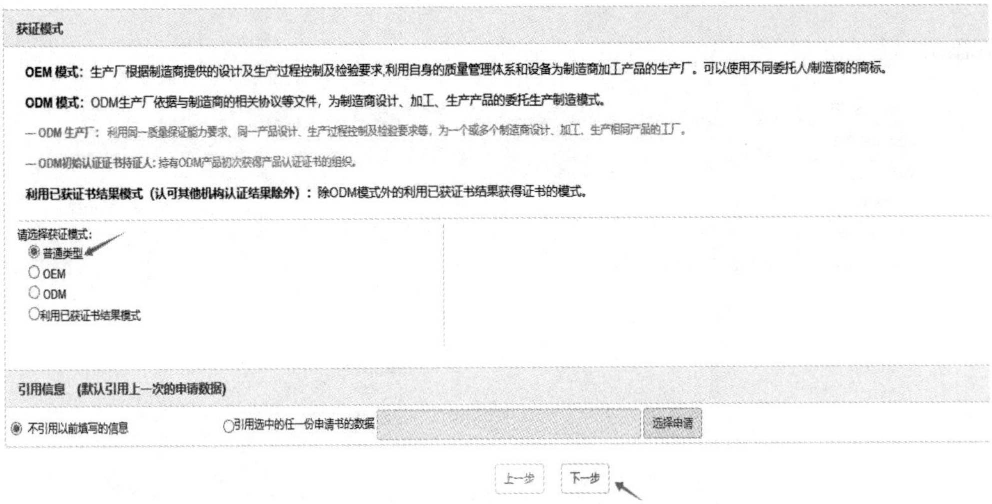

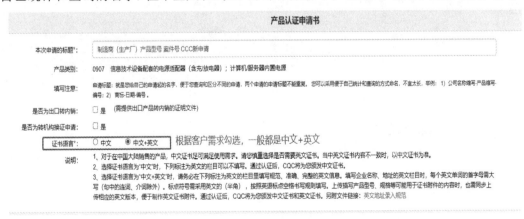

图 1.2.8　确定获证模式

在"引用信息"一栏中，可以引用以前填写过的申请书内容。客户可以利用此功能，选择一份以前填写过的认证申请书，修改后生成一份新的认证申请，避免重复录入信息，提高填写认证申请书的效率。

(4) 填写认证申请的标题。

按说明进行申请标题的命名，并确定证书语言，如图 1.2.9 所示。申请标题就是给自己的申请起的名字，便于查询和区分不同的申请。两个申请的标题不能重复，可以采用便于自己统计和查询的名字，但不宜太长，如：公司名称缩写-产品缩写-编号；商标-日期-编号。

图 1.2.9　确定申请标题

(5) 填写委托人、制造商、生产厂相关信息。

分别按照图 1.2.10 至图 1.2.12 填写委托人、制造商、生产厂相关信息。填写过程中可以点击"选择企业"，输入企业名称或者地址(至少输入 4 个汉字或者 4 个英文单词)来查询系统数据库中已有的企业信息，引出系统里的企业信息进行自动填写，免去重复的输入工作，如图 1.2.13 所示。如果发现系统中自动填入的内容和客户提供的内容不一样，需要让客户再次确认。注意，标有"*"的项目为必填项。

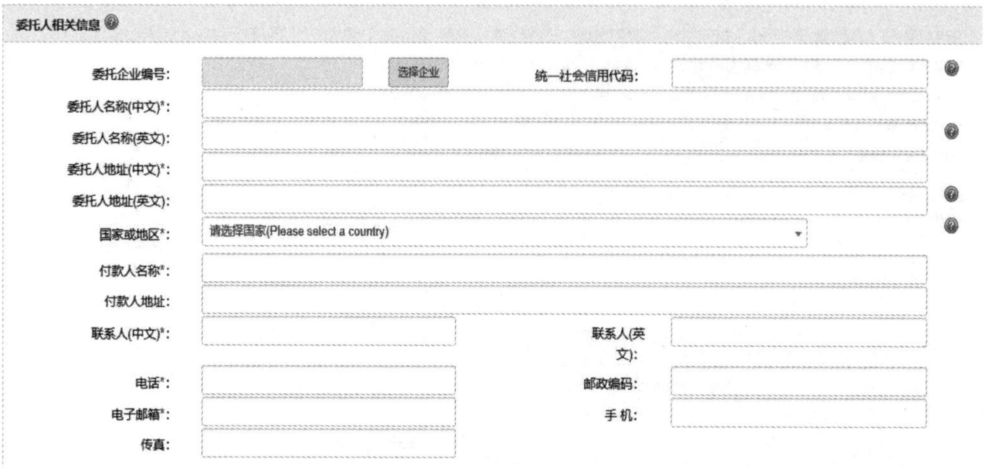

委托人相关信息 ⓘ

委托企业编号:		选择企业	统一社会信用代码:		ⓘ
委托人名称(中文)*:					
委托人名称(英文):					ⓘ
委托人地址(中文)*:					
委托人地址(英文):					ⓘ
国家或地区*:	请选择国家(Please select a country)				ⓘ
付款人名称*:					
付款人地址:					
联系人(中文)*:				联系人(英文):	
电话*:				邮政编码:	
电子邮箱*:				手机:	
传真:					

图 1.2.10　填写委托人相关信息

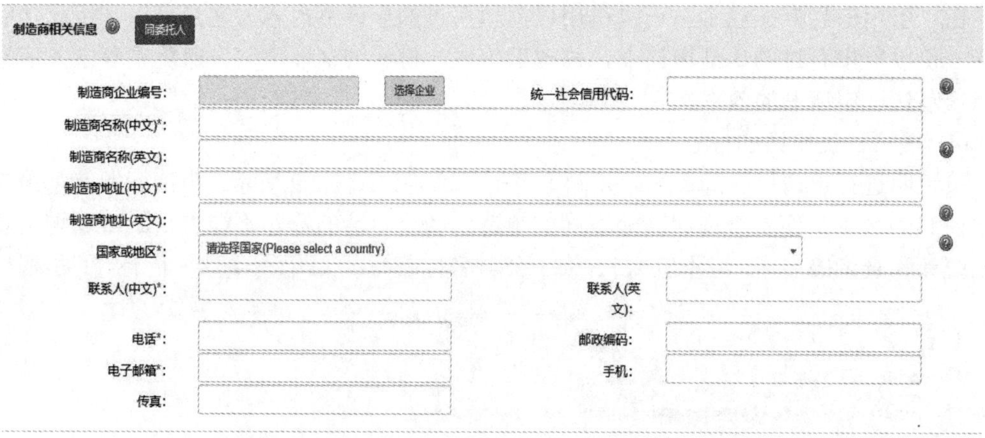

制造商相关信息 ⓘ 同委托人

制造商企业编号:		选择企业	统一社会信用代码:		ⓘ
制造商名称(中文)*:					
制造商名称(英文):					ⓘ
制造商地址(中文)*:					
制造商地址(英文):					ⓘ
国家或地区*:	请选择国家(Please select a country)				ⓘ
联系人(中文)*:				联系人(英文):	
电话*:				邮政编码:	
电子邮箱*:				手机:	
传真:					

图 1.2.11　填写制造商相关信息

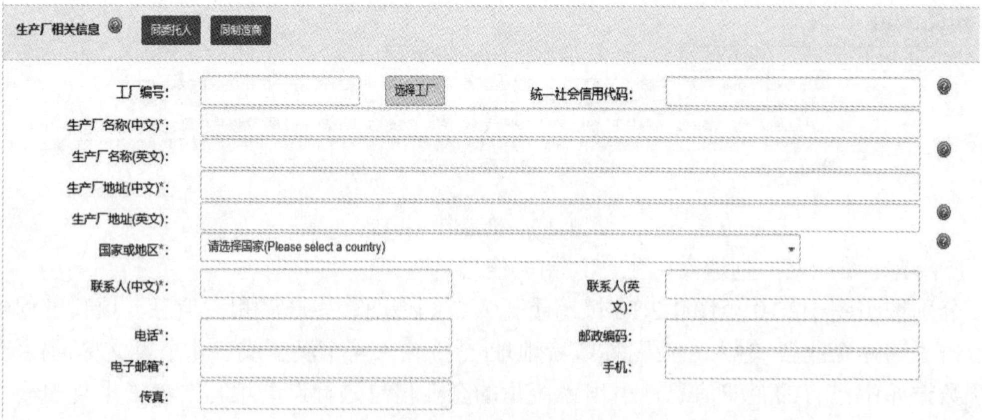

生产厂相关信息 ⓘ 同委托人 同制造商

工厂编号:		选择工厂	统一社会信用代码:		ⓘ
生产厂名称(中文)*:					
生产厂名称(英文):					ⓘ
生产厂地址(中文)*:					
生产厂地址(英文):					ⓘ
国家或地区*:	请选择国家(Please select a country)				ⓘ
联系人(中文)*:				联系人(英文):	
电话*:				邮政编码:	
电子邮箱*:				手机:	
传真:					

图 1.2.12　填写生产厂相关信息

图 1.2.13　通过"选择企业"填写委托人相关信息

(6) 填写代理机构相关信息。

如果是由第三方代理机构代理申请，则需填写代理机构相关信息，即代理人公司信息以及个人信息等，如图 1.2.14 所示。如果是企业自己申请，则无需填写。

图 1.2.14　填写代理机构相关信息

(7) 填写申请认证产品相关信息。

申请认证产品相关信息根据客户确认表中的内容填写，备注一栏是写给 CQC 受理人员的，麻烦他下任务到指定实验室，如图 1.2.15 所示。

图 1.2.15　填写申请认证产品相关信息

(8) 确定测试标准。

申请认证产品的测试标准(安全标准和 EMC 标准)可以参考原证书或根据客户需求勾选，"我已了解 CCC 标志的加施要求"也需要勾选，如图 1.2.16 所示。

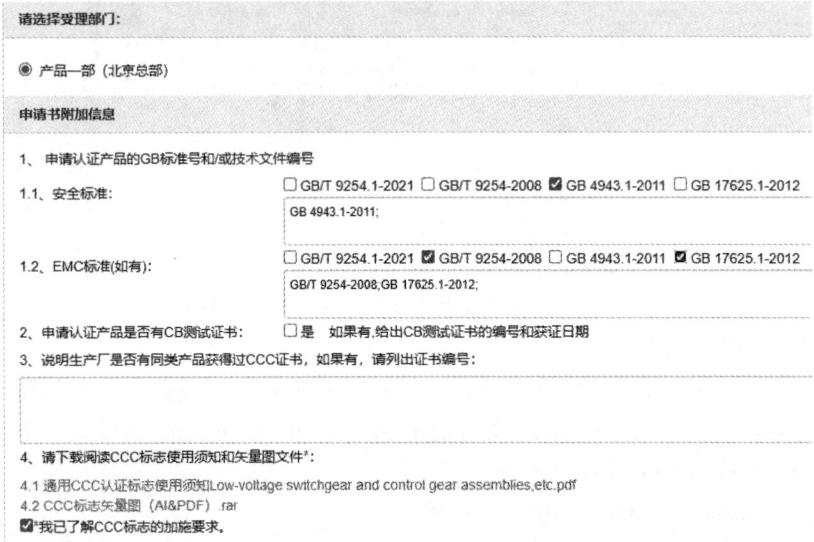

请选择受理部门：

◉ 产品一部 (北京总部)

申请书附加信息

1、申请认证产品的GB标准号和/或技术文件编号

1.1、安全标准：　　　□ GB/T 9254.1-2021　□ GB/T 9254-2008　☑ GB 4943.1-2011　□ GB 17625.1-2012
　　　　　　　　　　GB 4943.1-2011;

1.2、EMC标准(如有)：　□ GB/T 9254.1-2021　☑ GB/T 9254-2008　□ GB 4943.1-2011　☑ GB 17625.1-2012
　　　　　　　　　　GB/T 9254-2008;GB 17625.1-2012;

2、申请认证产品是否有CB测试证书：　□ 是　　如果有,给出CB测试证书的编号和获证日期

3、说明生产厂是否有同类产品获得过CCC证书,如果有,请列出证书编号：

4、请下载阅读CCC标志使用须知和矢量图文件*：

4.1 通用CCC认证标志使用须知Low-voltage switchgear and control gear assemblies,etc.pdf
4.2 CCC标志矢量图（AI&PDF）.rar

☑*我已了解CCC标志的加施要求。

图 1.2.16　确定申请认证产品的安全标准和 EMC 标准

(9) 上传相关附件。

根据《认证清单文件》上传申请认证的相关附件，可以是还未盖章的 Word 文件(如《型号差异声明》《ODM 协议》等)，如图 1.2.17 所示。

相关附件　(如有电子版资料,例如额定值或技术参数的文件,可以作为申请书的电子附件上传)

文件名　　　　　　　　附件类型　　　　备注　　　　　时间

无附件!

⊕ 增加文件　◆ 开始上传

图 1.2.17　上传申请认证的相关附件

(10) 确定证书类型和领取方式。

证书类型和领取方式可以根据实际情况勾选，如图 1.2.18 所示。

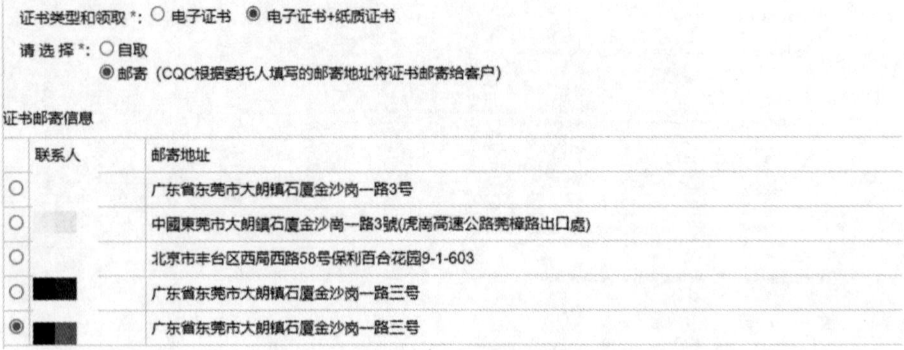

证书类型和领取 *：○ 电子证书　◉ 电子证书+纸质证书

请选择 *：○ 自取
　　　　◉ 邮寄 (CQC根据委托人填写的邮寄地址将证书邮寄给客户)

证书邮寄信息

	联系人	邮寄地址
○		广东省东莞市大朗镇石厦金沙岗一路3号
○		中國東莞市大朗鎮石厦金沙商一路3號(虎崗高速公路莞樟路出口處)
○		北京市丰台区西局西路58号保利百合花园9-1-603
○		广东省东莞市大朗镇石厦金沙岗一路三号
◉		广东省东莞市大朗镇石厦金沙岗一路三号

图 1.2.18　确定证书类型和领取方式

(11) 提交申请。

填写完成后，确认无误就可以点击"提交申请"，如图 1.2.19 所示。CQC 一般会在 2 个工作日后受理通过。受理通过的"当前阶段"会显示"型式试验"，此时就可以寄样品给实验室开始测试。

序号	申请编号	申请标题	证书编号	委托人	认证类别	申请类别	申请状态	当前阶段
1	A2022CCC0903-3956545	京东方（捷翔）TMN55-P741 2206C016 CCC新申请		京东方智慧物联科技有限公司 BOE Intelligent IoT Technology Co.,LTD.	CCC	新申请	处理中	型式试验

图 1.2.19　提交申请

(12) 下载正式申请书并盖章。

等待测试期间，请客户准备盖章文件，寄出正式申请书原件。正式申请书原件在右侧的菜单栏下载，如图 1.2.20 所示。

首页｜申请办理情况｜申请详细信息				操作菜单
CCC 新申请　申请编号：A2022CCC0903-3956545　申请时间：2022-06-06　当前阶段：型式试验　当前状态：处理中				☑查看申请办理进度
申请标题：	京东方（捷翔）TMN55-P741 2206C016 CCC新申请	申请类别：	新申请	☑业务问题留言
认证类别：	CCC	产品类别：	0903	☑打印正式申请书
证书编号：		客户填写的证书编号：		☑复制申请 ❷
委托人（中文/英文）：	京东方智慧物联科技有限公司［企业编号：CL258267］ BOE Intelligent IoT Technology Co.,LTD.			❶修改产品类别
制造商（中文/英文）：	京东方智慧物联科技有限公司［企业编号：CL258267］ BOE Intelligent IoT Technology Co.,LTD.			❶修改意向受理部门
生产厂（中文/英文）：	深圳市捷翔电子有限公司［企业编号：CL158937］［工程师核定工厂编号：A095419］ SHENZHEN JIEXIANG ELECTRONIC CO., LTD			❶撤销申请

图 1.2.20　下载正式申请书

盖章完成的申请文件在右侧菜单栏补充上传，如图 1.2.21 所示。

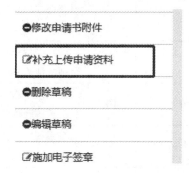

　❶修改申请书附件

　☑补充上传申请资料

　❶删除草稿

　❶编辑草稿

　☑施加电子签章

图 1.2.21　上传盖章完成的申请文件

(13) 等待发证。

确认认证报告草稿后，告知实验室上传系统，初核、复核人员审核通过后就可以发证。

1.2.3　技能考核

本任务技能考核表如表 1.2.4 所示。

表 1.2.4　本任务技能考核表

技能考核项目	操作内容		规定分值	评分标准	得分
课前准备	阅读标准，回答信息问题，完成本任务学习单		15	根据回答信息问题的准确度，分为 15 分、12 分、9 分、6 分、3 分和 0 分几个挡。允许课后补做，分数降低一个挡	
实施及操作	自身材料准备	电脑	5	准备好功能正常的电脑得 5 分，否则酌情给分	
		CCC 认证申请系统账号	5	获得提供的账号或个人完成账号的申请得 5 分，否则酌情给分	
		公司信息	5	获得作为代理的公司名称、组织机构代码证、联系人等完整的信息得 5 分，否则酌情给分	
	客户资料准备	客户确认表、工单	10	通过与客户沟通，获得完整的客户确认表、工单等资料得 10 分，否则酌情给分	
		客户信息	5	获得客户、制造商、生产商的名称、地址、联系人、统一社会信用代码等完整信息得 5 分，否则酌情给分	
		技术资料	15	获得客户样品的原理图、线路图、机构图、Layout 图、变压器规格书等技术资料得 15 分，否则酌情给分	
		样品	5	获得客户提供的样品得 5 分，否则酌情给分	
	认证申请步骤	登录 CCC 认证申请系统	5	能正确登录 CCC 认证申请系统得 5 分，否则酌情给分	
		完成信息填入	10	在系统中按步骤填入完整的信息得 10 分，否则酌情给分	
		完成附件上传	5	在系统中上传所需的各个附件得 5 分，否则酌情给分	
		完成申请提交	5	在系统中完成相关信息填写与附件上传后完成认证申请提交得 5 分，否则酌情给分	
	申请结果	CQC 认证工程师给出申请意见	10	提交 2 个工作日后，得到 CQC 认证工程师反馈的申请样品得 10 分，否则酌情给分	
总分					

本任务整体评价表如表 1.2.5 所示。

表 1.2.5 本任务整体评价表

序号	评价项目	评价方式	得分
1	技能考核得分(50%)	教师评价	
2	小组贡献(10%)	小组成员互评	
3	认证申请书(30%)	教师评价	
4	PPT 汇报(10%)	全体学生评价	

1.2.4 课后练一练

(1) 企业获得产品认证后还应当采取哪些行动?

(2) 企业申请产品 CCC 认证时,需要准备哪些资料?

(3) OEM 模式与 ODM 模式的区别是什么?

(4) 请简要描述产品 CCC 认证的流程。

(5) CCC 认证的产品大类有哪些?

项目 2　电子产品标记和说明的测试

项目要求

本项目要求：学习 GB 4943.1—2022(如无特殊说明，本项目及后续项目中使用的均为该标准)中对电子产品标记和说明的相关知识，完成受试设备(EUT)的标志持久性试验和输入试验两个任务，掌握电子产品标记和说明的测试技能。

任务 2.1　标志持久性试验

 ### 情景引入

某企业送来一批电源适配器进行安全认证测试，项目经理制定了测试计划，并将具体测试任务交给了你所在的安规测试小组。组长安排了一位经验丰富的测试工程师——张工作为你的指导老师，带领你一起完成接下来的测试任务。

张工说："我们从简单的任务开始，首先进行标志持久性试验。"你很好奇：标志还要做试验吗？接着，就听张工说："电子产品外面为什么有标志？标志上的内容是随便写什么都行吗？其实，这个在标准中都是有要求的。今天你的任务，就是学习标记和说明的相关知识，完成标志持久性试验，并接受任务考核。"

思政元素

在做标志持久性试验的过程中，要保持严谨的态度，使用科学的方法，比如使用特定的溶剂和操作程序。这不仅体现了技术能力，也培养了学生的科学素养和实证意识 (科学素养和实证意识)。

学习目标及学习指导

本任务学习目标及学习指导如表 2.1.1 所示。

表 2.1.1　本任务学习目标及学习指导

任务名称	标志持久性试验	预计完成时间：2 学时
知识目标	◇ 了解 GB 4943.1—2022 中的 4.1.15、F.3.9 和 F.3.10 标志持久性试验相关部分 ◇ 理解标记、说明和指示性安全防护 ◇ 熟悉标志持久性试验的步骤 ◇ 掌握标志持久性试验结果的判定标准	
技能目标	◇ 能说出标志持久性试验的步骤 ◇ 能按步骤规范完成标志持久性试验 ◇ 能正确记录试验数据 ◇ 能正确判定试验结果	
素养目标	◇ 自主阅读标准中的 4.1.15、F.3.9 和 F.3.10 ◇ 安全地按照操作规程进行试验 ◇ 自觉保持实验室卫生、环境安全(6S 要求) ◇ 培养团队成员研讨、分工与合作的能力	
学习指导	◇ 课前学：熟悉标准中的 4.1.15、F.3.9 和 F.3.10，完成标志持久性试验学习单 ◇ 课中做：通过观看视频和教师演示，按照步骤，安全、规范地完成试验，并完成标志持久性试验准备单和标志持久性试验工作单 ◇ 课中考：完成本任务技能考核表 ◇ 课后练：完成试验报告、课后习题和 PPT 汇报	

注：6S—整理、整顿、清扫、清洁、素养、安全。

2.1.1　相关标准及术语

为了完成本任务，请先阅读 GB 4943.1—2022 中的 4.1.15、F.3.9 和 F.3.10 标志持久性试验相关部分，并完成如表 2.1.2 所示的本任务学习单(课前完成)。

表 2.1.2　本任务学习单

任务名称	标志持久性试验
学习过程	回答问题
信息问题	(1) 哪些设备需要进行标志持久性试验？ (2) 试验所用试剂有何要求？

续表

学习过程	回答问题
信息问题	(3) 试验需要擦拭标志几次？ (4) 试验需要给标志施加多大的力？ (5) 试验需要擦拭标志多长时间？ (6) 如何判定试验结果是否合格？

1. 相关标准

以下是标志持久性试验的相关标准(摘录)。

4.1.15 标记和说明

如果按本文件要求，设备需要：

——给出标记，或

——提供说明书，或

——提供指示性安全防护，

那么应符合附录 F 的相关要求。

通过检查来检验是否合格。

F.3.9 标志的耐久性、清晰性和持久性

通常，要求标示在设备上的所有标志均应是耐久的和清晰的，并且在正常光照条件下应易于辨认。

除非另有规定，指示性安全防护不一定使用彩色的。如果要使用彩色表明危险的严重性，则其颜色应符合 GB/T 2893(所有部分)的规定。如果蚀刻或模压标志在正常光照条件下是清晰的并易于辨认，则它们无需采用对比色。

印刷或丝印标志也应是能持久的。

通过检查来检验是否合格。持久性要通过 F.3.10 的试验来确定。

F.3.10 标志持久性试验

F.3.10.1 基本要求

每个要求有的印刷的或丝网漏印的标志都应进行试验。但是，如果标志的数据单能表明其符合本试验要求，则本试验就无需进行。

F.3.10.2 试验程序

试验时，用一块蘸有水的布不加明显的力手动擦拭标志 15 s，然后用一块蘸有 F.3.10.3 规定的溶剂油的布在不同的地方或不同的样品上擦拭 15 s 来进行试验。

> **F.3.10.3　溶剂油**
>
> 溶剂油是一种试剂级己烷，至少含有 85%的正己烷。
>
> **注：**"正己烷"是"正链"或直链碳氢化合物的化学命名。正己烷的 ACS(美国化学学会)编号是 CAS#110-54-3。
>
> **F.3.10.4　合格判据**
>
> 每个标志的试验后，该标志仍应保持清晰。如果标志是标示在可分离的标签上，则该标签不应出现卷边，并且不得用手就能揭下。

2. 相关术语

标记和说明对产品使用者有重要作用，例如可以使用户对产品有基本了解；使用户明确产品的电气参数，安全正确使用产品；承载厂商信息和型号，有益于用户维护权益等。标记和说明可以作为安全防护的一部分。标准中规定有些情况下必须给出标记和说明，例如在标准中 8.5 运动零部件的安全防护部分，要求双位开关的"通"位和"断"位应按 F.3.5.2 的规定进行标记(标准中 8.5.4.3.3)。

产品标记、说明与指示性安全防护的检查

注：标准中使用了"标记""标志""标签"等词语，其中有细微的差异。例如，标记和标志类似，但标记涵盖的范围更广泛；标志有时特指规范的，在某些标准中通用的标记；标签指的是设备上贴上去/印上去的标记。在标准中，出现过"标记和说明"(标准中 4.1.15)、"标志和说明"(标准中 8.10.2)、"设备标志、说明和指示性安全防护"(标准中附录 F)。在本书中，我们不对"标记""标志""标签"等做过多的区分。

标准中 4.1.15 部分规定标记和说明应符合附录 F 的相关要求。标准的附录 F 规定了设备标志、说明和指示性安全防护的基本要求，字母符号和图形符号、设备标志、说明书和指示性安全防护的具体要求。标准中 F.3 部分为设备标志相关的规定，包括设备标志的位置，设备的识别标志(制造商标识和型号标识)，设备额定值的标志，外部电源输出标志，标志的耐久性、清晰性和持久性，标志持久性试验等内容。

图 2.1.1 为某电源适配器的标志，包括以下内容：

1——设备名称(F.3.2 设备的识别标志)(法规不强制)；

2——设备型号(F.3.2 设备的识别标志)；

3——设备的额定输入电压/电压范围(F.3.3 设备额定值的标志)；

4——额定输入频率以及最大输入电流(F.3.3 设备额定值的标志)；

5——额定输出电压和电流(F.3.3 设备额定值的标志)以及输出端子的极性标志(F3.8 外部电源输出标志)；

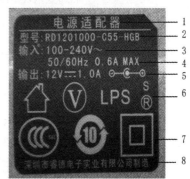

图 2.1.1　电源适配器的标志

6——产品有关的认证标志，图中对应标志表示的含义依次为室内使用、5 级能效符号、受限制电源(limited power supply，LPS)以及注册商标相关的标志等。

7——产品有关的认证标志，图中对应标志表示的含义依次为 CCC 标志/国家强制认证标志、循环使用 10 年以及Ⅱ类设备(F.3.6 与设备类别有关的设备标志)。

8——制造商标识(F.3.2 设备的识别标志)。

3. 标准解读

1) 试验目的

标志持久性试验的目的是考察产品在使用寿命期间，标志上重要的信息仍是清晰可见的，标签不会脱离及卷边。

2) 试验要求

所有要求在产品上印刷或通过丝网漏印的标志都应进行试验，以确保其持久性和可靠性。

3) 合格判据

每个标志的试验后，该标志仍应保持清晰。如果标志是标示在可分离的标签上，则该标签不得出现卷边和位移，并且不得用手就能揭下。

2.1.2 试验实施

标志持久性试验

1. 试验准备

本任务准备单如表 2.1.3 所示。

表 2.1.3 本任务准备单

任务名称	标志持久性试验	
准备清单	准备内容	完成情况
试验器材	准备好电源适配器(标志完整、无拆机)	是(　) 否(　)
	在烧杯内加适量水，并贴上标签"水"	是(　) 否(　)
	将少量溶剂油(试剂级己烷，至少含有 85%的正己烷)倒入烧杯中，并贴上标签"正己烷"	是(　) 否(　)
	准备好两块干净的棉布	是(　) 否(　)
	准备好秒表一个	是(　) 否(　)
试验环境	记录当前试验环境的温度和湿度	温度：＿＿＿＿℃； 湿度：＿＿＿＿%RH

1) 试验器材

标志持久性试验需要的试验器材包括待测样品、水、正己烷、两块棉布和秒表，如图 2.1.2 所示。准备好器材，并填写本任务准备单。

图 2.1.2 标志持久性试验需要的试验器材

2) 试验环境

标志持久性试验无特殊环境要求，但是一般情况下，为了使试验数据更加通用，测试机构要求全部试验在温度 23 ℃ ±5 ℃、相对湿度 75%以下进行(UL 要求)。

2. 试验步骤

标志持久性试验的步骤如下。

(1) 用一块蘸有水的棉布不加明显的力手动擦拭标志，同时开始计时 15 s。计时结束后，停止擦拭。

(2) 用一块蘸有正己烷的棉布在不同的地方或不同的样品上擦拭，同时开始计时 15 s。计时结束后，停止擦拭。

(3) 给样品拍照，确认电源适配器上的标志是否完好，并将结果记录到本任务工作单内。

标志持久性试验中的擦拭如图 2.1.3 所示。

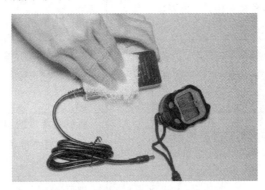

图 2.1.3　标志持久性试验中的擦拭

【注意事项】

(1) 摩擦以不施力为原则，轻轻擦拭即可；

(2) 两次擦拭不要在同一个位置或样品上。

3. 试验结果判定

试验完成后，给待测样品拍照。观察待测样品，根据合格判据判定样品是否合格。

请将试验数据和判定结果记录在如表 2.1.4 所示的本任务工作单内。

表 2.1.4　本任务工作单

试验人：		报告编号：	试验日期：　　年　　月　　日
样品编号：		环境温度：_____℃；湿度：_____%RH	
检测设备：			
标准中附录 F.3.10	标志持久性试验		
试验前标签的情况(拍照)			
试验后标签的情况(拍照)			
[ ]标签保持清晰，不卷边，不脱落 判断是否合格：合格(　)；不合格(　) [ ]试验结果不合格说明：_____			

2.1.3 技能考核

本任务技能考核表如表 2.1.5 所示。

表 2.1.5 本任务技能考核表

技能考核项目		操作内容	规定分值	评分标准	得分
课前准备		阅读标准,回答信息问题,完成标志持久性试验学习单	15	根据回答信息问题的准确度,分为 15 分、12 分、9 分、6 分、3 分和 0 分几个挡。允许课后补做,分数降低一个挡	
实施及操作	试验准备	准备待测样品、秒表、两块棉布	15	准备好得 5 分,缺 1 项扣 2 分	
		准备两个烧杯,一个烧杯加适量水,另一个烧杯加适量正己烷		两个烧杯有标签,且烧杯内的液体和标签一致得 5 分,否则酌情给分	
		记录试验环境的温度和湿度		将试验环境的温度和湿度正确记录到本任务准备单内得 5 分,否则酌情给分	
	试验步骤	用蘸有水的棉布轻轻擦拭样品 15 s	50	规范操作得 25 分,否则根据评分要点酌情扣分。评分要点:蘸水的棉布(10 分),不加明显力轻轻擦拭(5 分),擦拭的同时开始计时(5 分),计时结束停止操作(5 分)	
		用蘸有正己烷溶剂的棉布在样品的不同位置轻轻擦拭 15 s		规范操作得 25 分,否则根据评分要点酌情扣分。评分要点:蘸正己烷的棉布(10 分),不加明显力轻轻擦拭(5 分),在不同位置擦拭(5 分),擦拭的同时开始计时且计时结束停止操作(5 分)	
	试验结果判定	判定样品是否合格	10	正确判定试验结果得 10 分,否则不给分	
6S 管理		现场管理	10	将设备归位得 5 分;将桌面垃圾带走、凳子归位得 5 分	
总分					

本任务整体评价表如表 2.1.6 所示。

表 2.1.6　本任务整体评价表

序号	评价项目	评价方式	得分
1	技能考核得分(60%)	教师评价	
2	小组贡献(10%)	小组成员互评	
3	试验报告完成情况(20%)	教师评价	
4	PPT 汇报(10%)	全体学生评价	

2.1.4　课后练一练

(1) 请写出标志持久性试验的步骤。

(2) 请列出标志持久性试验结果判定合格的标准。

(3) 请将本试验过程整理成试验报告，在一周内提交。

(4) 请完成该任务的 PPT，准备汇报。

任务 2.2　输入试验

 情景引入

　　本任务是完成输入试验。开始前，张工问你："在产品标签上，一般都标注了产品的输入电压、电流、频率或功率等信息，这些信息是否真实可靠呢？如果产品标签上的信息和产品实际的性能不一致，可能会带来哪些不良后果呢？"为了回答这些问题，你需要先通过输入试验判断产品标签上的输入电压、电流、频率或功率等是否满足标准要求。所以，今天你的任务是学习标准中输入试验的相关知识，并动手完成试验，之后接受任务考核。

思政元素

通过输入试验的安全操作规程学习，强化学生的安全意识，包括个人安全和设备安全，讨论安全操作对预防事故和保护生命财产安全的重要性(安全意识)。

 学习目标及学习指导

本任务学习目标及学习指导如表 2.2.1 所示。

表 2.2.1　本任务学习目标及学习指导

任务名称	输入试验	预计完成时间：4 学时
知识目标	✧ 了解 GB 4943.1—2022 中的 B.2.5 输入试验部分 ✧ 理解额定电压、额定电流、额定功率、额定电压范围、正常工作条件 ✧ 理解输入试验电路的原理 ✧ 熟悉输入试验的步骤 ✧ 掌握输入试验结果的判定标准	
技能目标	✧ 掌握交流电源、功率计和电子负载仪器的基本操作 ✧ 会架设输入试验电路 ✧ 能按步骤规范完成输入试验 ✧ 能正确记录试验数据：电压、电流、功率 ✧ 能正确判定试验结果	
素养目标	✧ 自主阅读标准中的 B.2.5 ✧ 安全地按照操作规程进行试验 ✧ 自觉保持实验室卫生、环境安全(6S 要求) ✧ 培养团队成员研讨、分工与合作的能力	
学习指导	✧ 课前学：熟悉标准中的 B.2.5，完成输入试验学习单 ✧ 课中做：通过观看视频和教师演示，按照步骤，安全、规范地完成试验，并完成输入试验准备单和输入试验工作单 ✧ 课中考：完成本任务技能考核表 ✧ 课后练：完成试验报告、课后习题和 PPT 汇报	

2.2.1　相关标准及术语

为了完成本任务，请先阅读 GB 4943.1—2022 中的 B.2.5 输入试验部分，并完成如表 2.2.2 所示的本任务学习单(课前完成)。

表 2.2.2　本任务学习单

任务名称	输入试验
学习过程	回答问题
信息问题	(1) 本试验测试的是被测样品的哪些电参量？ (2) 试验是否应该模拟负载？ (3) 被测样品在什么工作条件下进行试验(正常/异常工作条件)？ (4) 如果有多个额定电压范围，该如何进行试验？ (5) 是否需要考虑额定电压的频率？ (6) 已知被测样品的标识为"100-127 V/220-240 V ac，5 A/2 A，47-63 Hz"，请写出其试验电压/频率。 (7) 读数时要注意什么？如果电流是周期变化的，该如何读数？ (8) 如何判定试验结果是否合格？

1. 相关标准

以下是输入试验的相关标准(摘录)。

B.2.5　输入试验

在确定输入电流和输入功率时，应对下列各种因素予以考虑。

——由制造商附加在该 EUT 上出售的或随该 EUT 一起提供的选件所形成的负载。

——由制造商预定设计的要从该 EUT 获得供电的其他设备单元所形成的负载。

——在设备上一般人员可触及的任何标准电源输出插座上可能连接的、达到制造商规定值的负载。

——对含有音频放大器的设备，按 E.1。

——对主要功能是显示活动图像的设备，应采用下列设置：

　　· 使用 IEC 60107-1：1997 中 3.2.1.3 规定的"三垂直条信号"；和

　　· 将使用人员可触及的图像控制件调节到能获得最大的功率消耗；和

　　· 音量调节符合 E.2 的规定。

试验期间可以使用模拟负载来模拟这样的负载。

在每一种情况下，当输入电流或输入功率已达到稳定时读取读数。如果输入电流或输入功率在正常工作周期内是变化的，则要在一段有代表性的时间内，在记录有效值的电流表或功率表上读取所测得的按平均指示给出的稳态电流或功率值。

在正常工作条件下，在额定电压或额定电压范围的每端电压下测得的输入电流或输入功率不得超过额定电流或额定功率 10%。

通过在下列条件下测量设备的输入电流或输入功率来检验是否合格：

——如果设备具有一个以上的额定电压，则应在每个额定电压下测量输入电流或输入功率；和

——如果设备具有一个以上的额定电压范围，则应在每个额定电压范围的每一端电压下测量输入电流或输入功率；

- 如果标出的是一个额定电流或额定功率值，则要用在相关额定电压范围内测得的较大的输入电流或输入功率与其相比较；和

- 如果标出的是用一个短横线分开的两个额定电流或额定功率值，则要用在相关额定电压范围内测得的两个值与其相比较。

2.相关术语

(1) 额定电流(rated current)：制造商声明的设备在正常工作条件下的输入电流。

(2) 额定频率(rated frequency)：制造商声明的供电频率或频率范围。

(3) 额定功率(rated power)：制造商声明的设备在正常工作条件下的输入功率。

(4) 额定电压(rated voltage)：制造商对元件、电器或设备规定的电压值，它与运行环境(包括操作)和性能等特性有关。

注：设备可有一个以上的额定电压或可具有额定电压范围。

(5) 额定电压范围(rated voltage range)：制造商声明的、用下限和上限额定电压表示的供电电压范围。

(6) 正常工作条件(normal operation condition)：能合理预见的尽可能接近代表正常使用范围的工作方式。

注 1：除非另有规定，否则正常使用的最严酷条件就是标准中 B.2 所规定的最不利的默认值。

注 2：正常工作条件不包括可合理预见的误使用，可合理预见的误使用属于异常工作条件。

标准中 B.2 部分给出了正常工作条件的基本要求：

除了在其他条款中规定了专门的试验条件，且明显会对试验结果有重大影响，试验应在考虑下列参数的**最不利的正常工作条件**下进行：电源电压；电源频率；环境条件(例如，制造商规定的最高环境温度)；制造商规定的设备的物理场所和可移动零部件的位置；工作方式，包括由于互连设备形成的外部负载；控制件的调节。

3. 标准解读

1) 试验目的

在正常工作条件下测试电子产品的输入电流或输入功率，并与产品的额定输入电流或额定输入功率进行比较，以检测电子产品的输入电路是否合格。一般情况下，在电子产品的标签或说明书上，都会标出额定输入电流或额定输入功率，这个是制造商声称的。我们需要通过试验，在一定条件(正常工作条件、最不利的正常工作条件)下，测试电子产品实际的输入电流或输入功率，检测是否超过额定输入电流或额定输入功率 10%。没超过，则判定为合格；否则，判定为不合格。

2) 试验参数

根据标准，输入试验测量的是受试设备(EUT)的输入电流或输入功率。

3) 试验条件

在正常工作条件下进行测试。这就是说，输入试验需要考虑电源电压(包括电源容差)和电源频率等参数。关于电源电压和电源频率，标准中的规定如下：

(1) 在确定某项试验的最不利的电源电压时，应对多个额定电压，额定电压范围的上、下限，制造商规定的额定电压容差予以考虑。对于电源容差，除非制造商声明使用更宽的容差，否则对交流(AC)电网电源最小容差应为+10%和-10%；对直流(DC)电网电源最小容差应为+20%和-15%。

(2) 在确定某项试验的最不利的电源频率时，应对额定频率范围内的不同频率(例如 50 Hz 和 60 Hz)予以考虑，但不必考虑额定频率的容差(例如 50 Hz±0.5 Hz)。

下面我们举例来说明如何设置输入试验的条件。

例 2.2.1　如果需要测试图 2.1.1 所示电子产品的输入电流,应在哪些条件下进行试验？

分析：

先考虑电压情况：该产品的额定电压范围为 100～240 V，根据标准，应考虑额定电压范围的上、下限以及额定电压容差。额定电压范围的上、下限分别为 240 V 和 100 V，而额定电压容差按照+10%和-10%来计算，因此还需要考虑 100 V×(1-10%)=90 V 以及 240 V×(1+10%) = 264 V 的情况。

再考虑频率情况：该产品的额定频率为 50/60 Hz，因此要分别考虑 50 Hz 和 60 Hz 的情况，不需要考虑额定频率的容差。

经过以上分析，应在 8 个条件下进行试验：90 V/50 Hz；90 V/60 Hz；100 V/50 Hz；100 V/60 Hz；240 V/50 Hz；240 V/60 Hz；264 V/50 Hz；264 V/60 Hz。

4) 负载要求

根据标准，输入试验需要考虑负载的情况(可以使用电子负载来模拟)。关于负载，有以下几点要求。

(1) 负载的组件，由制造商已经安装在产品上或搭配产品一起出货。如无线耳机充电盒需要搭配耳机进行负载测试。

(2) 产品的输出端口，由制造商设计初期就指定要求某种设备使用此产品输出端口进行供电。如充电器的 USB 端口，制造商会指定输出最大电压/电流。

(3) 产品上普通人可接触的端口，由制造商规定负载的值进行负载。如充电器的 USB 端口，制造商指定输出最大电压/电流为 5 V/1 A，进行输入试验时最大负载电压/电流就为 5 V/1 A。

(4) 带有喇叭功放的产品需要参考标准中 E.1 的要求进行负载测试。

图 2.2.1　三垂直条信号

(5) 带有屏幕的显示器类的产品有 3 种设置：

① 使用 IEC 60107-1：1997 中 3.2.1.3 要求的 "三垂直条信号"，如图 2.2.1 所示；

② 调节图像使产品处于最大功耗模式。如调整图像亮度、对比度等，使产品处于最大功耗模式；

③ 产品有喇叭一类的设备，需要按照标准中 E.1 的规定进行调节。

5) 读数要求

在每种负载的情况下，输入电流或输入功率达到稳定后，才能进行数据的读取。如果输入电流或输入功率在整个正常工作周期内是不断变化的，则需要在其中选取一段有代表性的时间周期，记录这一段时间内电流和功率的平均值。

6) 结果判定

在正常工作条件下，测得的输入电流或输入功率不得超过额定电流或额定功率 10%。需要通过在以下条件下测出的输入电流或输入功率判定产品是否合格。

(1) 产品制造商规定的是一个额定电流或额定功率，需要使用额定电压范围内测得的较大的输入电流或输入功率与其进行对比，对比的结果不超过 10%为合格。

(2) 产品制造商规定的是用一个短横线分开的两个额定电流或额定功率，需要使用额定电压范围内测得的两个输入电流或输入功率与其进行对比，对比的结果不超过 10%为合格。

2.2.2　试验实施

输入试验

1. 试验准备

本任务准备单如表 2.2.3 所示。

表 2.2.3　本任务准备单

任务名称	输入试验	
准备清单	准备内容	完成情况
受试设备	受试设备完整、无拆机	是(　) 否(　)
	受试设备的连接头剥线已处理好	是(　) 否(　)
	记录受试设备的输入电压、频率和电流，以及输出电压、电流和功率	输入电压：_____V； 输入频率：_____Hz； 输入电流：_____A
		输出电压：_____V； 输出电流：_____A； 输出功率：_____W
	将受试设备的工作条件(输入电压、频率、电流)记录到本任务工作单内	已记录(　　) 未记录(　　)
连接线	连接线 1 的一端已做好剥线处理	是(　) 否(　)
	测试并记录连接线 1 的 L 极、N 极和接地端	棕色：__极；蓝色：__极； 黄绿色：_____极
	连接线 2 的一端已做好剥线处理	是(　) 否(　)
	测试并记录连接线 2 的 L 极、N 极和接地端	棕色：__极；灰色：__极； 黑色：_____极

续表

准备清单	准备内容	完成情况
试验仪器	准备好电压源以及仪器的电源线	是( ) 否( )
	准备好功率计以及仪器的电源线	是( ) 否( )
	准备好电子负载以及仪器的电源线	是( ) 否( )
	确认功率计的校准日期是否在有效期内	是( ) 否( )
	确认电子负载的校准日期是否在有效期内	是( ) 否( )
试验环境	记录当前试验环境的温度和湿度	温度：_____℃； 湿度：_____%RH

1) 受试设备

(1) 受试设备的处理。

输入试验的受试设备为电源适配器，如图 2.2.2(a)所示。在试验之前，我们需要对受试设备进行处理：用剪刀/剥线钳将受试设备的输出端连接线的连接头剪掉，并用剥线钳将连接线的外壳剥开一小段(约 6～8 cm)，将里面的导线剥掉约 1 cm，最后整理好导线的线头。处理后的受试设备如图 2.2.2(b)所示。

(a) 受试设备   (b) 处理后的受试设备

图 2.2.2 受试设备及其处理

(2) 受试设备数据的记录。

根据标签中电源适配器的额定输入电压、额定输入电流、额定输入频率以及额定输出电压、电流，确认输入试验的条件。

① 根据额定输入电压、额定输入频率确定工作条件：受试设备的额定输入电压为 100～240 V，额定输入频率为 50/60 Hz，因此需要测量 90 V/50 Hz、90 V/60 Hz、100 V/50 Hz、100 V/60 Hz、240 V/ 50 Hz、240 V/60 Hz、264 V/50 Hz、264 V/60 Hz 条件下的试验数据，并将结果记录到本任务工作单内。

② 给样品拍照，确认电源适配器是否完好、无拆机，并将结果记录到本任务工作单内。

2) 连接线/治具

输入试验中需要准备的连接线如图 2.2.3 所示。其中，图 2.2.3(a)为交流电源与功率计的连接线，图 2.2.3(b)为功率计与受试设备的连接线(自制连接插头)。我们需要对连接线的一端进行处理，用剥线钳将外部的绝缘线剥开一小段(大约 6～8 cm)，将里面的火线(L)、零线(N)和地线的线头分别拨开约 1～2 cm，并将线头处理整齐。做好连接线后，我们需要用万用表测试出火线、零线和地线。

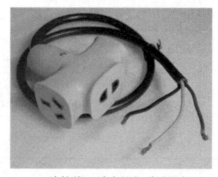

(a) 连接线 1(交流电源与功率计)　　　(b) 连接线 2(功率计与受试设备)

图 2.2.3　连接线

如图 2.2.4 所示，测试连接线的火线、零线和地线(插头上的 L 表示火线，N 表示零线，⊥ 表示地线)时，先将万用表调到电路通断的测试挡，用一支表笔接插头的火线，然后用另外一支表笔分别接另一端的三个接线头，能接通的一端即为火线。用同样的方式，测试出零线和地线，并将结果记录到输入试验准备单内。

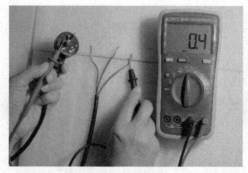

图 2.2.4　连接线的测试

3) 试验仪器

输入试验需要的试验仪器包括交流电源、功率计和电子负载(包含仪器的电源线)，如图 2.2.5 所示。

(a) 交流电源　　　　　　(b) 功率计　　　　　　(c) 电子负载

图 2.2.5　输入试验需要的试验仪器

(1) 交流电源为交流设备提供一定的额定电压和额定频率。在本任务中，通过改变交流电源的电压和频率，可为受试设备设置不同的工作条件。

(2) 功率计一般可以测量电压、电流、功率和频率等参数。在本任务中，使用功率计测量不同工作条件下受试设备的输入电流，然后与标签上的额定电流进行比较，以判断电路是否合格。

(3) 电子负载用来模拟试验样品在实际工作条件下的工作状态。负载是指用来吸收电源输出电能的装置，它将电源输出的电能吸收并转化为其他形式的能量储存或消耗掉。负载的种类繁多，根据其在电路中表现的特性可分为阻性负载、容性负载、感性负载和混合性负载。通过模拟各种负载的状态，可测试受试设备在不同条件下的稳定性和可靠性。

【注意事项】

为了保证试验数据的有效性，所有的试验仪器在使用前都需要进行校准。校准包括以下两方面：

(1) 单位机构的校准：仪器需要由有资质的机构专门进行校准。

(2) 使用前的自校准：利用测量设备自带的校准程序或功能进行校准，例如示波器等设备在使用前需要进行自校准。

测试公司一般会有专门的部门负责仪器的校准，测试人员在测试前需要进行以下确认：

(1) 确认设备的校准日期是否在有效期内；

(2) 确认仪器是否需要自校准；

(3) 确认仪器的好坏。

4) 试验环境

输入试验无特殊环境要求，但是一般情况下，为了使试验数据更加通用，测试机构要求全部试验在温度 23 ℃ ± 5 ℃、相对湿度 75%以下进行(UL 要求)。

2. 搭建试验电路

输入试验电路主要由交流电源、功率计、受试设备以及电子负载组成，如图 2.2.6 所示。其中，交流电源的输出端接功率计的输入端，功率计的输出端接受试设备的输入端，受试设备的输出端接电子负载。实际接线图如图 2.2.7 所示。

图 2.2.6　输入试验电路框图

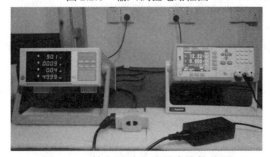

图 2.2.7　输入试验电路的实际接线图

1) 功率计的接线

图 2.2.8(a)是功率计的背部面板，主要包括被测输入、被测负载、通信接口、接地端子、电源插座几个部分。

被测输入：连接交流电源的输出。其中，交流电源的 L 极接红色端子，N 极接黑色端子，地线接接地端子。

被测负载：连接受试设备。这里我们先接图 2.2.3(b)所示的连接线 2(自制插座)，然后将受试设备插入插座，避免每次都需要对受试设备的输入端连接头进行剥线等处理。其中，连接线 2 的 L 极接红色端子，N 极接黑色端子，地线接接地端子。

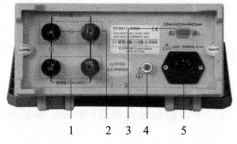

1—被测输入；2—被测负载；3—通信接口；
4—接地端子；5—电源插座。

(a) 功率计的背部面板   (b) 功率计的接线图

图 2.2.8   功率计的背部面板以及接线图

通信接口：这里不需要连接。

接地端子：连接交流电源和连接线 2 的接地线。

电源插座：与功率计连接的电源插座。这里需要注意的是，仪器一般用市电 220 V 的交流电压。

功率计的接线图如图 2.2.8(b)所示。连接好电路后，先不接通电源。

【注意事项】

(1) 在连线时，注意区分功率计的被测输入和被测负载，不要把输入端和输出端接反了。被测输入连接交流电源的输出，被测负载通过连接线 2 连接受试设备。

(2) 在连线时，注意区分功率计的火线、零线和地线端子，要一一对应连接，即火线接火线，零线接零线，地线接地线。功率计上的红色端子为接火线的端子，黑色端子为接零线的端子，4 为接地端子。

(3) 不要把仪器的电源线连接到交流电源的输出。功率计和被测负载的电源是市电 220 V。

2) 受试设备和电子负载的连线

将受试设备连接到电子负载。注意连线时要区分正负极。受试设备的输出端(连接线 1)的正极为红色线，负极为黑色线。电子负载的正负极接线端子分别用"+""−"表示。连线时，要一一对应连接，即受试设备的红色线接电子负载的正极接线端子，黑色线接电子负载的负极接线端子。

3) 检查电路

将交流电源、功率计、受试设备、电子负载之间的连线全部连接好。此外，功率计和电子负载仪器的电源线也要接好。在通电以前，需要再次检查电路，主要包括以下几个方面：

(1) 功率计的被测输入、被测负载连接线是否接反？正负极是否接反？

(2) 电子负载的正负极是否接反？

(3) 仪器的电源线是否已经接上市电 220 V？

(4) 接线端子的线头是否处理好？有没有短路的情况？

【注意事项】

在输入试验电路中，以下部位是超过人体安全电压的：

(1) 交流电源的输出部位；

(2) 功率计的被测输入和被测负载部位；

(3) 电子负载和连接线的连接部位。

因此，人体不得接触上述任何部位，操作时应该戴好绝缘手套。

3. 试验步骤

(1) 给仪器设备供电：把功率计、电子负载仪器的电源接到市电(220 V、50 Hz 的交流电)，打开仪器的开关。功率计的界面设置如图 2.2.9(a)所示，测量的参数从上到下依次为电压、电流、功率和频率。

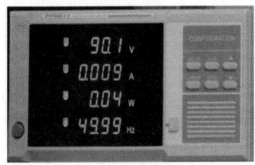

(a) 功率计的界面设置　　　　　　　　　　(b) 电子负载的界面设置

图 2.2.9　功率计和电子负载的界面设置

(2) 调整交流电源以设定工作条件：根据试验条件中列出的正常工作条件顺序，设定交流电源的电压和频率。这里，我们先将交流电源的工作条件设置为 90 V/50 Hz。

(3) 设置电子负载：把样品输出端连接到电子负载上，电子负载设置为"定电流模式"。电子负载电流设置为受试设备输出电流的最大值(产品标签上的输出电流值)。在本任务中，受试设备的额定电流为 5 A，因此我们将电子负载电流设置为 5 A。电子负载的界面设置如图 2.2.9(b)所示。

(4) 记录数据：将受试设备接入功率计被测负载的连接线 2(自制插头)，记录此时功率计上的电压、电流、频率及功率的读数，并填写到本任务工作单内。

(5) 更改工作条件并记录数据：按照正常工作条件顺序，改变交流电源的电压和频率，并将功率计的读数记录到本任务工作单内。

4. 试验结果判定

根据本任务工作单内记录的数据，判断该样品是否通过输入试验。本任务中，用测得的电流最大值与额定输入电流(1.7A)进行比较，电流最大值不超过额定电流的10%即为合格。

请将试验数据和判定结果记录在如表 2.2.4 所示的本任务工作单内。

表 2.2.4　本任务工作单

试验人：		报告编号：		试验日期：　　年　　月　　日	
样品编号：		环境温度：＿＿＿＿＿℃；湿度：＿＿＿＿＿＿＿%RH			
检测设备：					
标准中附录 B.2.5	输入试验				
额定值	电压：＿＿＿V		频率：＿＿＿Hz		电流：＿＿＿A
电压/V	频率/Hz	电流/mA	功率/W	说明	
[　]设备的输入电流不超过额定值的 10%					
[　]试验结果不合格说明：＿＿＿＿＿＿＿＿＿＿＿＿＿＿＿＿＿＿＿＿					
最大正常负载：					

2.2.3　技能考核

本任务技能考核表如表 2.2.5 所示。

表 2.2.5　本任务技能考核表

技能考核项目	操作内容		规定分值	评分标准	得分
课前准备	阅读标准，回答信息问题，完成输入试验学习单		15	根据回答信息问题的准确度，分为 15 分、12 分、9 分、6 分、3 分和 0 分几个挡。允许课后补做，分数降低一个挡	
实施及操作	试验准备	准备受试设备	15	受试设备的连接线处理符合要求，正确区分正负极，并记录在输入试验准备单内得 5 分，否则酌情给分	
		准备连接线		受试设备的连接线处理符合要求，正确区分火线、零线和地线，并记录在输入试验准备单内得 5 分，否则酌情给分	
		准备试验仪器		已准备好试验仪器以及连接线，并将校准日期记录到输入试验准备单内得 3 分，否则酌情给分	
		记录试验环境的温度和湿度		环境温度和湿度正确记录到输入试验准备单内得 2 分，否则酌情给分	
	搭建试验电路	功率计的接线	20	功率计正确接线得 10 分，极性接反扣 5 分，输入输出接反扣 5 分	
		受试设备和电子负载的连线		受试设备和电子负载正确连线得 5 分，极性接反扣 5 分	
		检查电路		整体电路连通性检查无误得 5 分，否则酌情扣分	
	试验步骤	给仪器设备供电	30	正确给功率计和电子负载供电得 10 分，电源接错得 0 分	
		设定工作条件		设定交流电源的电压和频率，并记录在本任务工作单内得 5 分，否则酌情给分	
		设置电子负载		正确设置电子负载的大小得 5 分，设置错误得 0 分	
		记录数据		正确记录数据得 2 分	
		更改工作条件并记录数据		正确操作及记录数据得 8 分，否则酌情给分	
	试验结果判定	判定样品是否合格	10	正确判定试验结果得 10 分，否则不给分	
6S 管理	现场管理		10	将设备断电、拆线和归位得 5 分；将桌面垃圾带走、凳子归位得 5 分	
总分					

本任务整体评价表如表 2.2.6 所示。

表 2.2.6　本任务整体评价表

序号	评价项目	评价方式	得分
1	技能考核得分(60%)	教师评价	
2	小组贡献(10%)	小组成员互评	
3	试验报告完成情况(20%)	教师评价	
4	PPT 汇报(10%)	全体学生评价	

2.2.4　课后练一练

(1) 一个普通适配器,其额定输入电压为 100～120 V、200～240 V(交流电源),额定输入频率为 50/60 Hz,请问进行输入试验时需要测试哪些电压和频率?

(2) 若有一款适配器的额定输入电压为 220 V,则在输入试验中我们需要测量的电压包括_____。

(3) 请列出输入试验结果判定合格的标准。

(4) 请解释以下术语:
① 额定电压/电流;

② 正常工作条件。

(5) 请写出输入试验的步骤。

(6) 请将本试验过程整理成试验报告,在一周内提交。

(7) 请完成该任务的 PPT,准备汇报。

项目 3　安全防护强度测试

项目要求

本项目要求：学习电子产品安全防护强度测试的相关知识，完成恒定力试验、跌落试验、冲击试验和应力消除试验四个任务，掌握安全防护强度测试这一工作技能。

任务 3.1　恒定力试验

 情景引入

完成前面四个任务后，你顺利通过了考核，张工表扬了你，并鼓励你继续以认真、严谨的态度完成接下来的任务。说话间，张工看到有人把手肘靠在一台测试仪器上面，便问你："把手肘靠在电子产品外壳上会压坏产品吗？是否会有潜在的危险？电子产品的外壳是一种固体安全防护，在标准中有哪些要求是为了预防此类危险的发生呢？"

本任务是完成恒定力试验，请你学习标准中相关知识并完成试验，之后接受任务考核。

思政元素

通过张工提出的问题和恒定力试验的要求，强调在电子产品设计中应考虑到的安全防护措施，如固体安全防护，使学生认识到在产品设计和使用中考虑安全的重要性，体现对生命和健康的尊重(安全教育)。

 学习目标及学习指导

本任务学习目标及学习指导如表 3.1.1 所示。

表 3.1.1   本任务学习目标及学习指导

任务名称	恒定力试验	预计完成时间：2 学时
知识目标	◇ 了解 GB 4943.1—2022 中的 4.4.3 安全防护的强度和附录 T 机械强度试验部分 ◇ 理解直插式设备、可携带式设备、手持式设备 ◇ 熟悉恒定力试验的步骤 ◇ 掌握恒定力试验结果的判定标准	
技能目标	◇ 能说出恒定力试验的步骤 ◇ 能按步骤规范完成恒定力试验 ◇ 能正确记录试验数据 ◇ 能正确判定试验结果	
素养目标	◇ 自主阅读标准中的 4.4.3 和附录 T ◇ 安全地按照操作规程进行试验 ◇ 自觉保持实验室卫生、环境安全(6S 要求) ◇ 培养团队成员研讨、分工与合作的能力	
学习指导	◇ 课前学：熟悉标准中的 4.4.3 和附录 T，完成恒定力试验学习单 ◇ 课中做：通过观看视频和教师演示，按照步骤，安全、规范地完成试验，并完成恒定力试验准备单和恒定力试验工作单 ◇ 课中考：完成本任务技能考核表 ◇ 课后练：完成试验报告、课后习题和 PPT 汇报	

3.1.1   相关标准及术语

为了完成本任务，请先阅读 GB 4943.1—2022 中的 4.4.3 安全防护的强度和附录 T 机械强度试验部分，并完成本任务学习单，如表 3.1.2 所示(课前完成)。

表 3.1.2   本任务学习单

任务名称	恒定力试验
学习过程	回答问题
信息问题	(1) 什么类型设备需要做恒定力试验？ (2) 哪些设备需要承受 250 N 的恒定力试验？ (3) 哪些设备需要承受 100 N 的恒定力试验？ (4) 哪些设备需要承受 30 N 的恒定力试验？ (5) 哪些设备需要承受 10 N 的恒定力试验？ (6) 什么情况下需要加金属垫片？ (7) 如何判定试验结果是否合格？

1.相关标准

以下是恒定力试验的相关标准(摘录)。

4.4.3　安全防护的强度

4.4.3.1　基本要求

如果固体安全防护(例如,外壳、挡板、固体绝缘、接地金属件、玻璃等)是一般人员或受过培训的人员可触及的,则该固体安全防护应符合 4.4.3.2～4.4.3.10 规定的相关机械强度试验。

············

4.4.3.2　恒定力试验

如果外壳或挡板是可触及的,并且用作以下设备的安全防护,则应承受 T.4 的恒定力试验:

——可携带式设备;和

——手持式设备;和

——直插式设备。

如果安全防护是可触及的,并且仅用作防火防护外壳或防火挡板,则应承受 T.3 的恒定力试验。

其他所有可触及的并且用作安全防护的外壳或挡板应承受 T.5 的恒定力试验。对质量超过 18 kg 的设备,除非用户手册中允许设备外壳底部作为顶部或侧面这种使用方向,否则不要求对设备的底部进行试验。

本条款不适用于玻璃。对玻璃的要求在 4.4.3.6 中给出。

············

4.4.3.10　合格判据

在试验期间和试验后:

——除 PS3 外,3 级能量源不得成为一般人员或受过培训的人员可触及的。和

——玻璃应:

　• 未破碎或破裂;或

　• 未抛射出质量超过 30 g 或在任何方向上尺寸超过 50 mm 的玻璃碎片;或

　• 单独试验样品通过 T.10 的破碎试验。和

—— 所有其他安全防护应仍然有效。

T.1　基本要求

总体而言,在本附录中描述了本文件引用到的一些试验。合格判据在引用特定试验的条款中有规定。

除非当手柄、操作杆、旋钮或盖被去除的时候 ES3 的零部件是可触及的,否则试验不施加在手柄、操作杆、旋钮、CRT 的表面、指示或测量装置的透明或半透明的盖上。

T.2　10 N 恒定力试验

将 10 N±1 N 的恒定力施加到受试元器件或部件上,短时间保持大约 5 s。

T.3　30 N 恒定力试验

使用图 V.1 或图 V.2 的直的非铰接式试具来进行试验,施加 30 N±3 N 的力,短时间保

持大约 5 s。

T.4　100 N　恒定力试验

通过对外部外壳上直径为 30 mm 的圆形平面施加 100 N ± 10 N 的恒定力来进行试验，短时间保持大约 5 s，力依次施加到顶部、底部和侧面。

T.5　250 N　恒定力试验

通过对外部外壳上直径为 30 mm 的圆形平面施加 250 N ± 10 N 的恒定力来进行试验，短时间保持大约 5 s，力依次施加到顶部、底部和侧面。

2．相关术语

(1) 直插式设备(direct plug-in equipment)：电源插头与设备外壳构成一个整体部分的设备。例如：电蚊拍、蚊灯。

(2) 固定式设备(fixed equipment)：设备安装说明书中规定只能通过制造商规定的方法固定在位的设备。例如：固定式升降平台、固定式监控。

设备类型

(3) 手持式设备(hand-held equipment)：预定在正常使用时要握在手中的可移动式设备或任何一种设备的一个部分。例如：手机、测温枪。

(4) 可移动式设备(movable equipment)：

① 质量小于或等于 18 kg 且不固定在位的设备；

② 装有轮子、脚轮或其他装置，便于一般人员按完成预定用途的需要来移动的设备。

例如：可移动式吸尘器、可移动式悬臂吊。

(5) 驻立式设备(stationary equipment)：

① 设备安装说明书中规定只能通过制造商规定的方法固定在位的固定式设备；

② 只有使用工具才能与电网电源电气连接或断开的永久性连接式设备；

③ 因其物理特性而通常不移动的设备。

例如：银行取/存款机、洗衣机、冰箱。

(6) 可携带式设备(transportable equipment)：预定要经常携带的设备。例如：无人机、蓝牙。

(7) 专业设备(professional equipment)：预定不向普通公众销售的商业、专业或工业用途的设备。例如：自动化机械设备、自动化生产设备。

图 3.1.1 为几种不同的设备举例。

(a) 示波器(可移动式设备)　　(b) 万用表(可携带式设备)　　(c) 交换机(可移动式设备)

(d) 灭蚊灯(直插式设备)　　(e) 打印机(驻立式设备)　　(f) 手机(手持式设备)

图 3.1.1　几种不同的设备举例

(8) 外壳(enclosure)：为预定用途提供适用的保护类型和保护等级的壳体。

(9) 防火防护外壳(fire enclosure)：预定作为防止火焰从外壳内部蔓延到外壳外部的一种安全防护的外壳。

(10) 机械防护外壳(mechanical enclosure)：预定作为防止机械引起的伤害的一种安全防护的外壳。

3. 标准解读

标准中 4.2 将能量源(如电能量源、机械能量源等)分为 3 级，分别为 1 级能量源、2 级能量源和 3 级能量源，具体分级如表 3.1.3 所示。

表 3.1.3　能量源的分级

能量源	能量源的分级
1 级能量源	除非另有规定，1 级能量源是指在下列条件下能量等级不超过 1 级限值的能量源： ——正常工作条件，和 ——不导致单一故障条件的异常工作条件，和 ——不会导致超过 2 级限值的单一故障条件。 保护导体是 1 级电能量源
2 级能量源	除非另有规定，2 级能量源是指在正常工作条件、异常工作条件或单一故障条件下，其能量等级超过 1 级限值而不超过 2 级限值的能量源
3 级能量源	3 级能量源是指在正常工作条件、异常工作条件或单一故障条件下，其能量等级超过 2 级限值的能量源，或者是标准中 4.2.4 声称为 3 级能量源的任何能量源。 中性导体是 3 级电能量源

对不同的能量源等级以及不同的人员(一般人员、受过培训的人员和熟练技术人员)应该采取不同的安全防护(见标准中 4.3)。例如，在 3 级能量源和一般人员之间需要添加基本安全防护和附加安全防护，或加强安全防护(见标准中 4.3.2.4)。

标准中对安全防护的强度进行了要求。在本任务中，恒定力试验是对用作安全防护的外壳和挡板的安全防护强度要求。

1) 试验目的

产品在使用过程中，可能会受到各种外力的作用，这些外力可能会使产品外壳及内部元器件发生变形和位移，这些变形和位移可能导致产品内部发生危险，使产品无法满足相关标准的要求。通过进行恒定力试验，可以确保产品在受到外力挤压时，内部元器件之间或导电外壳与元器件之间不会发生接触，从而有效避免内部短路的风险。此外，恒定力试验还能验证产品是否能承受连续的外部压力，保持结构完整与功能完善，从而确保产品的整体可靠性和安全性。

2) 试验设备

(1) 对于外壳或挡板，根据标准 4.4.3.2 要求的不同情况，分别进行 100 N、30 N 或 250 N 恒定力试验。

① 100 N 恒定力试验：针对可携带式设备、手持式设备和直插式设备可触及的安全防护外壳或挡板。本试验是模拟产品受到外部压力，检查产品机械外壳的机械强度可靠性。

② 30 N 恒定力试验：针对可触及的且仅用作防火防护外壳或防火挡板的安全防护。本

试验是检查产品(使用者能接触到的和外部有机械外壳/罩保护的) 内部外壳的机械强度可靠性。

③ 250 N 恒定力试验：针对其他(除 100 N 恒定力试验规定的设备以外的设备)所有可触及的并且用作安全防护的外壳或挡板。本试验是模拟产品受到外部压力， 检查产品机械外壳的机械强度可靠性。

(2) 对于导体的固定(见标准中 4.6)、除外壳以外的元器件和部件(见标准中 5.4.2 电气间隙和 5.4.3 爬电距离)进行 10 N 恒定力试验。本试验主要是防止设备内一些零部件或组件(除外壳用的零部件)在组装时位置会存在一定差异，并检查这些差异是否会影响到产品内部的结构，如使绝缘距离(电气间隙、爬电距离)减小。

3) 试验方法

按照标准中 T.2~T.5 描述的方法进行试验。

【注意事项】

(1) 对于 100 N 和 250 N 恒定力试验，标准要求先放一个直径为 30 mm 的圆形金属垫片到产品机械外壳的顶部、底部和侧面上，再进行施力。施力的位置靠近电源板上危险电压、危险能量的地方和开孔等薄弱的地方。

(2) 对于质量超过 18 kg 的设备外壳，不考虑底部。

4) 判断标准

(1) 每次做完 30 N、100 N、250 N 恒定力试验，EUT 都需要进行可触及性试验以及抗电强度试验，通过这些试验数据判断外壳或挡板是否通过恒定力试验。

(2) 做完 10 N 恒定力试验，EUT 需要进行电气间隙和爬电距离试验，通过这些试验数据判断外壳或挡板是否通过恒定力试验。

【注意事项】

(1) 进行恒定力试验时，待测样品不需要接通电源。在试验结束后，需要立即进行可触及性试验、抗电强度试验或电气间隙和爬电距离试验。如果上述试验通过，则表示恒定力试验合格。

(2) 本任务并不是通过单个试验结果判断电子产品是否合格，而是通过结合后续的试验(可触及性试验、抗电强度试验等)结果判断电子产品是否合格。

3.1.2 试验实施

1. 试验准备

本任务准备单如表 3.1.4 所示。

恒定力实验

表 3.1.4 本任务准备单

任务名称	恒定力试验	
准备清单	准备内容	完成情况
试验器材	准备好电源适配器(防护外壳完整、无拆机)	是( ) 否( )
	准备好推拉力计	是( ) 否( )
	准备好秒表	是( ) 否( )
	准备好试验指	是( ) 否( )
试验环境	记录当前试验环境的温度和湿度	温度：＿＿＿＿＿＿℃； 湿度：＿＿＿＿＿＿%RH

1) 试验器材

恒定力试验需要的试验器材包括待测样品、推拉力计、秒表、试验指，如图 3.1.2 所示。准备好器材，并填写本任务准备单。

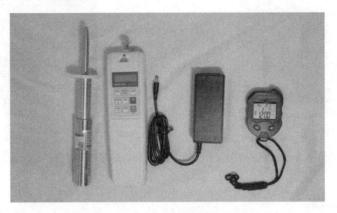

图 3.1.2　恒定力试验需要的试验器材

本任务的待测样品为电源适配器，该设备属于可携带式设备，其外壳为防火防护外壳，因此需要进行标准中 T.5 和 T.2 的恒定力试验。试验前，要先确认待测样品外壳是否完好，是否能正常工作。试验时，先进行标准中 T.5 的恒定力试验(不需要拆机)，再进行标准中 T.2 的恒定力试验(需要拆开外壳)。

2) 试验环境

恒定力试验无特殊环境要求，但是一般情况下，为了使试验数据更加通用，测试机构要求全部试验在温度 23℃±5℃、相对湿度 75%以下进行(UL 要求)。

2. 测试部位的选择

标准中 T.5 的恒定力试验的测试部位为防火防护外壳，如图 3.1.3(a)所示。

标准中 T.2 的恒定力试验的测试部位为内部零件或组件，如图 3.1.3(b)所示。这里选择 EUT 电源板中靠近一、二次侧的零件或一、二次侧的线材。

(a) 防火防护外壳　　　　　　　　　　　　　(b) 内部零件或组件

图 3.1.3　恒定力试验的测试部位

3. 试验步骤

(1) 进行标准中 T.5 的恒定力试验：使用推拉力计，在最不利的位置对防火防护外壳施加一个 250 N ± 10 N 的稳定力，如图 3.1.4(a)所示，同时秒表开始计时，持续 5 s。

(2) 进行标准中 T.2 的恒定力试验：使用推拉力计和试验指，对内部零件或组件施加一个 10 N±1 N 的稳定力，如图 3.1.4(b)所示，同时秒表开始计时，持续 5 s。

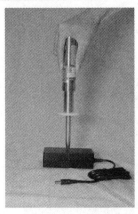

(a) 标准中 T.5 的恒定力试验施加 250 N 的力   (b) 标准中 T.2 的恒定力试验施加 10 N 的力

图 3.1.4   不同恒定力试验施加的力

4. 试验结果判定

(1) 本样品需要做 250 N 恒定力试验，完成后需要进行可触及性试验以及抗电强度试验，通过这些试验数据判断样品是否通过恒定力试验。

(2) 本样品需要做 10 N 恒定力试验，完成后需要进行电气间隙和爬电距离试验，通过这些试验数据判断样品是否通过恒定力试验。

请将试验数据和判定结果记录在如表 3.1.5 所示的本任务工作单内。

表 3.1.5   本任务工作单

试验人：		报告编号：		试验日期： 年 月 日
样品编号：		环境温度：＿＿＿＿＿℃；湿度：＿＿＿＿＿＿%RH		
检测设备：				
标准中附录 T.2～T.5	恒定力试验			
恒定力试验前样品的情况(拍照)				
恒定力试验后样品的情况(拍照)				
[ ]带电零部件之间不得有接触 判断是否合格：合格( )；不合格( ) [ ]导电外壳与带电零部件之间不得有接触 判断是否合格：合格( )；不合格( ) [ ]是否符合标准中的电气间隙和爬电距离要求 判断是否合格：合格( )；不合格( ) [ ]试验结果不合格说明：＿＿＿＿＿＿＿＿＿＿＿＿＿＿＿				

3.1.3　技能考核

本任务技能考核表如表 3.1.6 所示。

表 3.1.6　本任务技能考核表

技能考核项目	操作内容		规定分值	评分标准	得分
课前准备	阅读标准，回答信息问题，完成恒定力试验学习单		15	根据回答信息问题的准确度，分为 15 分、12 分、9 分、6 分、3 分和 0 分几个挡。允许课后补做，分数降低一个挡	
实施及操作	试验准备	准备好待测样品、推拉力计、秒表、试验指	10	准备好仪器得 5 分，缺 1 项扣 2 分；仪器校准好得 5 分，否则酌情给分	
		记录试验环境的温度和湿度	5	环境温度和湿度正确记录到恒定力试验准备单内得 5 分，否则酌情给分	
	试验步骤	使用推拉力计或试验指，在不同试验对象上施加对应标准中 T.2~T.5 的恒定作用力，持续 5 s	50	规范操作得 50 分，否则根据评分要点酌情扣分。评分要点：推拉力计的使用(20 分)，250 N 时使用金属垫片(10 分)，正确选择对应的力进行试验(10 分)，计时结束停止操作(10 分)	
	试验结果判定	判定样品是否合格	10	正确判定试验结果得 10 分，否则不给分	
6S 管理	现场管理		10	将设备归位得 5 分；将桌面垃圾带走、凳子归位得 5 分	
总分					

本任务整体评价表如表 3.1.7 所示。

表 3.1.7　本任务整体评价表

序号	评价项目	评价方式	得分
1	技能考核得分(60%)	教师评价	
2	小组贡献(10%)	小组成员互评	
3	试验报告完成情况(20%)	教师评价	
4	PPT 汇报(10%)	全体学生评价	

3.1.4   课后练一练

(1) 请写出恒定力试验的步骤。

(2) 请列出恒定力试验结果判定合格的标准。

(3) 请将本试验过程整理成试验报告，在一周内提交。

(4) 请完成该任务的 PPT，准备汇报。

任务 3.2   跌落试验

 情景引入

在生活中，可能会遇到如下场景：电源适配器在正常工作条件下被用户不小心摔到了地上，那么电源适配器会损坏吗？用户继续使用会因此触电吗？会有火灾隐患吗？为了防止此类危险的发生，标准中要求产品能承受一定的冲击力。

本任务是完成跌落试验，请你学习标准中相关知识并完成试验，之后接受任务考核。

思政元素

讨论作为电子产品设计师或测试工程师，在保障产品安全性方面承担的职业责任，强调在工作中应持续保持认真、严谨的态度，确保产品通过跌落试验等安全测试，保护用户，使其免受潜在伤害(安全和职业道德教育)。

学习目标及学习指导

本任务学习目标及学习指导如表 3.2.1 所示。

表 3.2.1　本任务学习目标及学习指导

任务名称	跌落试验	预计完成时间：2 学时
知识目标	✧ 了解 GB 4943.1—2022 中的 4.4.3.3 和 T.7 跌落试验部分 ✧ 熟悉跌落试验的步骤 ✧ 掌握跌落试验结果的判定标准	
技能目标	✧ 能说出跌落试验的步骤 ✧ 能按步骤规范完成跌落试验 ✧ 能正确记录试验数据 ✧ 能正确判定试验结果	
素养目标	✧ 自主阅读标准中的 4.4.3.3 和 T.7 ✧ 安全地按照操作规程进行试验 ✧ 自觉保持实验室卫生、环境安全(6S 要求) ✧ 培养团队成员研讨、分工与合作的能力	
学习指导	✧ 课前学：熟悉标准中的 4.4.3.3 和 T.7，完成跌落试验学习单 ✧ 课中做：通过观看视频和教师演示，按照步骤，安全、规范地完成试验，并完成跌落试验准备单和跌落试验工作单 ✧ 课中考：完成本任务技能考核表 ✧ 课后练：完成试验报告、课后习题和 PPT 汇报	

3.2.1　相关标准及术语

为了完成本任务，请先阅读 GB 4943.1—2022 中的 4.4.3.3 和 T.7 跌落试验部分，并完成如表 3.2.2 所示的本任务学习单(课前完成)。

表 3.2.2　本任务学习单

任务名称	跌落试验
学习过程	回答问题
信息问题	(1) 哪些设备应该进行跌落试验？ (2) 试验样品以什么角度跌落到水平试验台？ (3) 跌落试验要做几次？ (4) 跌落高度如何确定？ (5) 水平试验台有什么要求？ (6) 如何判定试验结果是否合格？

1. 相关标准

以下是跌落试验的相关标准(摘录)。

4.4.3.3 跌落试验

下列设备应承受 T.7 的跌落试验:

——手持式设备;

——直插式设备;

——可携带式设备;

——可移动式设备(按照设备的预期使用需求的一部分,由一般人员抬起或搬运,包括日常的重新放置);

注: 这种设备的示例是安置在废纸容器上的碎纸机,需要将碎纸机移开,以便把容器中的碎纸倒空。

——质量等于或小于 7 kg、预定要和下列任何一种附件一起使用的台式设备:

　　• 软线连接的电话听筒,或

　　• 另一个具有声学功能的软线连接的手持式附件,或

　　• 头戴式耳机。

T.7 跌落试验

一个完整设备的样品以可能产生最不利结果的位置跌落到水平表面上来进行跌落试验,样品要承受三次这样的冲击。

跌落高度应如下:

——对台式设备和可移动式设备,750 mm±10 mm;

——对手持式设备、直插式设备和可携带式设备,1000 mm±10 mm;

——对仅用作台式设备和可移动式设备的防火防护外壳的部件,350 mm±10 mm;

——对仅用作手持式设备、直插式设备和可携带式设备的防火防护外壳的部件,500 mm±10 mm。

水平面由至少 13 mm 厚的硬木安装在两层胶合板上组成,每层胶合板的厚度为 18 mm±2 mm,然后放在混凝土或等效的非弹性地面上。

---

2. 相关术语

手持式设备、直插式设备、可携带式设备、可移动式设备等术语参考本书 3.1.1 节相关内容。

3. 标准解读

1) 试验目的

有些设备在正常使用时,可能会从手中或工作台跌落到地面,这些跌落可能会导致设备内部安全指标不能达到要求。因此设计设备时必须考虑这种影响,在安全认证时需要测试这些指标。跌落试验要求设备跌落后,功能可以损失,但是不能对使用人员造成危害。

2) 试验设备

在标准中规定了五种设备需要进行跌落试验,即手持式设备、直插式设备、可携带式设备、可移动式设备和满足一定条件的台式设备。例如:手机、直插式的小夜灯、笔记本电脑(包括电源适配器)、固定电话等。

3) 试验要求

(1) 需要准备满足要求的木板(至少 13 mm 厚，安装在两层胶合板上，每层胶合板厚度为 18 mm ± 2 mm)，正确放置在混凝土或等效的非弹性水平地面上；

(2) 根据不同的设备类型选择不同的高度进行跌落试验；

(3) 跌落位置要在"最不利结果"的位置；

(4) 需要对同一个完整样品跌落三次进行试验。

4) 结果判定

判断设备是否合格的依据是标准中的 4.4.3.10 合格判据部分。

设备通过跌落试验后，还需要进行后续试验，包括可触及性试验和抗电强度试验，以确定其他安全防护是否依然有效。

3.2.2　试验实施

1. 试验准备

本任务准备单如表 3.2.3 所示。

跌落试验　　　可触及性试验

表 3.2.3　本任务准备单

任务名称	跌落试验	
准备清单	准备内容	完成情况
试验器材	准备好电源适配器(无破损、无拆机)	是( )　否( )
	准备好水平试验台	是( )　否( )
	准备好游标卡尺一把	是( )　否( )
	准备好卷尺一个	是( )　否( )
	准备好试验指一套	是( )　否( )
试验环境	记录当前试验环境的温度和湿度	温度：_____℃； 湿度：_____%RH

1) 试验器材

跌落试验需要的试验器材包括电源适配器、试验指、游标卡尺、卷尺和水平试验台(由至少 13 mm 厚的硬木安装在两层胶合板上组成，每层胶合板的厚度为 18 mm ±2 mm)，如图 3.2.1 所示。

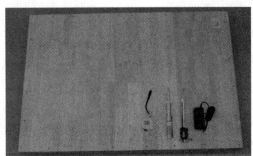

图 3.2.1　跌落试验需要的试验器材

2) 试验环境

跌落试验无特殊环境要求，但是一般情况下，为了使试验数据更加通用，测试机构要求全部试验在温度 23 ℃±5 ℃、相对湿度 75%以下进行(UL 要求)。

2. 试验步骤

(1) 用游标卡尺检验水平试验台每层是否符合标准，如图 3.2.2 所示。

图 3.2.2　检验水平试验台是否符合标准

(2) 将水平试验台置于非弹性地面上。

(3) 用卷尺确定好待测样品跌落的高度，如图 3.2.3 所示，将卷尺垂直置于水平试验台上。

(4) 使样品从 750 mm±10mm 的高度自由跌落，如图 3.2.4 所示。

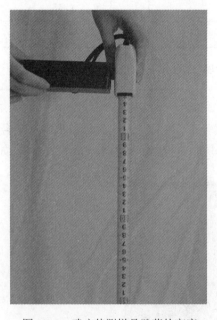

图 3.2.3　确定待测样品跌落的高度　　　图 3.2.4　样品从 750mm±10mm 的高度自由跌落

(5) 重复以上步骤(3)、步骤(4)，针对同一个产品外壳的不同表面共跌落三次。

(6) 用试验指进行探测，如图 3.2.5 所示，看是否可以触及 3 级能量源。

图 3.2.5　用试验指进行探测

3. 试验结果判定

跌落试验完成后还要进行可触及性试验和抗电强度试验，才能得到最终判定结果。请将试验数据和判定结果记录在如表 3.2.4 所示的本任务工作单内。

表 3.2.4　本任务工作单

试验人：		报告编号：		试验日期：　　年　　月　　日
样品编号：		环境温度：_____℃；湿度：_____%RH		
检测设备：				
标准中附录 T.7	跌落试验			
试验前样品的情况(拍照)				
试验后样品的情况(拍照)				
判断试验指是否可以触及 3 级能量源： 通过(　　)；未通过(　　) 未通过原因：_____				
注意，本试验完成后还需要进行可触及性试验以及标准中 5.4.9 抗电强度试验，才能判断本试验是否通过				

3.2.3　技能考核

本任务技能考核表如表 3.2.5 所示。

表 3.2.5　本任务技能考核表

技能考核项目	操作内容		规定分值	评分标准	得分
课前准备	阅读标准,回答信息问题,完成跌落试验学习单		15	根据回答信息问题的准确度,分为 15 分、12 分、9 分、6 分、3 分和 0 分几个挡。允许课后补做,分数降低一个挡	
实施及操作	试验准备	准备待测样品、游标卡尺、卷尺、试验指	15	准备好得 5 分,缺 1 项扣 2 分	
		准备水平试验台		确认水平试验台每层是否符合标准,确认好得 5 分	
		记录试验环境的温度和湿度		将环境温度和湿度正确记录到跌落试验准备单内得 5 分,否则酌情给分	
	试验步骤	将水平试验台置于非弹性地面上	50	正确摆放得 10 分	
		确定好待测样品跌落的高度,将卷尺垂直置于水平试验台上		规范操作得 25 分。样品在 750 mm±10 mm 范围跌落得 15 分,卷尺垂直置于水平试验台上得 10 分,否则酌情给分	
		使样品跌落三次		规范操作得 15 分,少一次扣 5 分	
	试验结果判定	判定样品是否合格	10	正确判定试验结果得 10 分,否则不给分	
6S 管理	现场管理		10	将设备归位得 5 分;将桌面垃圾带走、凳子归位得 5 分	
总分					

本任务整体评价表如表 3.2.6 所示。

表 3.2.6　本任务整体评价表

序号	评价项目	评价方式	得分
1	技能考核得分(60%)	教师评价	
2	小组贡献(10%)	小组成员互评	
3	试验报告完成情况(20%)	教师评价	
4	PPT 汇报(10%)	全体学生评价	

3.2.4 课后练一练

1. 单选题

(1) 以下设备中，跌落高度为 750 mm 的设备有(　　)。
A. 手持式设备　　　　　　　　　　　　B. 可携带式设备
C. 台式设备　　　　　　　　　　　　　D. 驻立式设备

(2) 以下设备中，跌落高度为 1 m 的设备有(　　)。
A. 手持式设备　　　　　　　　　　　　B. 直插式设备
C. 可携带式设备　　　　　　　　　　　D. 可移动式设备

(3) 手持式设备的防火防护外壳要从(　　)的高度跌落。
A. 750 mm　　　　　　B. 350 mm　　　　　　C. 1000 mm　　　　　　D. 500 mm

2. 判断题

(1) 跌落试验使用的水平试验台由至少 13 mm 厚的木板和 18 mm 厚的胶合板组成。(　　)
(2) 防火防护外壳可以从 750 mm 的高度跌落。(　　)
(3) 跌落试验只要做一次就可以了。(　　)
(4) 跌落试验只测试待测样品的一个面。(　　)

3. 简答题

(1) 请列出每种设备的跌落高度。

(2) 请列出跌落试验结果判定合格的标准。

(3) 请写出跌落试验的步骤。

(4) 请将本试验过程整理成试验报告，在一周内提交。

(5) 请完成该任务的 PPT，准备汇报。

任务 3.3 冲击试验

情景引入

在生活中，可能会遇到如下场景：电子产品正在正常工作，突然有东西掉落下来，刚好砸到电子产品上，那么电子产品会损坏吗？用户会因此触电吗？会有火灾隐患吗？为了防止此类危险的发生，标准中要求产品能承受一定的冲击力。

本任务是完成冲击试验，请你学习标准中相关知识并完成试验，之后接受任务考核。

在完成冲击试验的过程中，需要团队成员之间进行有效的沟通和合作，强调团队工作中的分工协作、相互尊重和目标一致的重要性(团队精神和集体主义价值观)。

 学习目标及学习指导

本任务学习目标及学习指导如表 3.3.1 所示。

表 3.3.1　本任务学习目标及学习指导

任务名称	冲击试验	预计完成时间：2 学时
知识目标	✧ 了解 GB 4943.1—2022 中的 4.4.3.4 和 T.6 冲击试验部分 ✧ 熟悉冲击试验的步骤 ✧ 掌握冲击试验结果的判定标准	
技能目标	✧ 能说出冲击试验的步骤 ✧ 能按步骤规范完成冲击试验 ✧ 能正确记录试验数据 ✧ 能正确判定试验结果	
素养目标	✧ 自主阅读标准中的 4.4.3.4 和 T.6 ✧ 安全地按照操作规程进行试验 ✧ 自觉保持实验室卫生、环境安全(6S 要求) ✧ 培养团队成员研讨、分工与合作的能力	
学习指导	✧ 课前学：熟悉标准中的 4.4.3.4 和 T.6，完成冲击试验学习单 ✧ 课中做：通过观看视频和教师演示，按照步骤，安全、规范地完成试验，并完成冲击试验准备单和冲击试验工作单 ✧ 课中考：完成本任务技能考核表 ✧ 课后练：完成试验报告、课后习题和 PPT 汇报	

3.3.1　相关标准及术语

为了完成本任务，请先阅读 GB 4943.1—2022 中的 4.4.3.4 和 T.6 冲击试验部分，并完成如表 3.3.2 所示的本任务学习单(课前完成)。

表 3.3.2 本任务学习单

任务名称	冲击试验
学习过程	回答问题
信息问题	(1) 哪些设备需要进行冲击试验？ (2) 应该选取待测样品的什么部位进行冲击试验？ (3) 如何确定是否对待测样品的底部进行冲击试验？ (4) 使用哪些仪器设备进行冲击试验？ (5) 如何对待测样品施加水平作用力？

1. 相关标准

以下是冲击试验的相关标准(摘录)。

4.4.3.4 冲击试验

除了 4.4.3.3 规定设备外，所有设备应承受 T.6 的冲击试验。

T.6 的冲击试验不适用于下列情况：

——外壳的底部，除非用户手册中允许设备外壳底部作为顶部或侧面这种使用方向；

——玻璃；

注：玻璃的冲击试验见 4.4.3.6。

——驻立式设备、包括嵌装式设备的如下外壳表面：

· 不可触及；或

· 安装后受到保护。

T.6 外壳冲击试验

样品取完整的外壳或能代表其最大未加强区域的部分，按其正常位置支撑好。用一个直径为 50 mm±1 mm、质量为 500 g±25 g、光滑的实心钢球进行以下试验：

——对水平表面，钢球由静止从距样品垂直距离为 1300 mm±10 mm 处自由落到样品上(见图 T.1)；

——对垂直表面，将钢球用线绳悬吊起来，并使其像钟摆一样，从垂直距离为 1300 mm±10 mm 处摆落到样品上来施加水平冲击(见图 T.1)。

评估仅用作防火防护外壳的部件时，按上述试验进行，但垂直距离为 410 mm±10 mm。

水平冲击试验可以在垂直或倾斜的表面上模拟进行，把样品与正常位置成 90°安装，然后进行垂直冲击试验来代替摆锤试验。

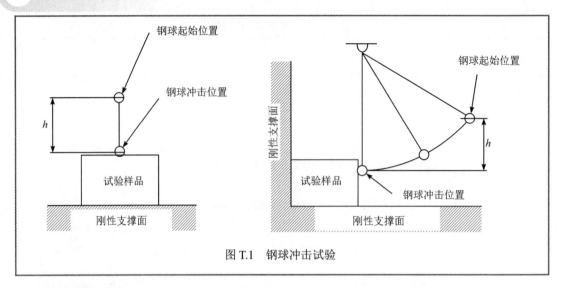

图 T.1　钢球冲击试验

2. 相关术语

外壳(enclosure)：为预定用途提供适用的保护类型和保护等级的壳体。

3. 标准解读

1) 试验目的

设备在使用过程中，会受到各种外力作用，这些外力可能会使设备外壳变形，这些变形可能导致设备内部发生危险或安全指标不能满足要求。因此在设计设备时必须考虑这些影响，在安全认证时必须测试这些指标。冲击试验模拟产品被外部掉落物砸到，检查产品机械外壳的机械强度可靠性。

2) 试验要求

(1) 钢球要求：一个直径为 50 mm±1 mm、质量为 500 g±25 g、光滑的实心钢球。

(2) 高度要求：判断待测样品是否仅用作防火防护外壳，若仅用作防火防护外壳，则从 410 mm±10 mm 高度处掉落冲击，否则从 1300 mm±10 mm 高度处掉落冲击。

3) 试验设备

标准中 4.4.3.3 规定的设备需要做跌落试验，这些设备以外的设备需要做冲击试验。此外，冲击试验不适用于外壳的底部、玻璃和驻立式设备等。

4) 判断标准

判断设备是否合格的依据是标准中的 4.4.3.10 合格判据部分。

设备通过冲击试验后，还需要进行后续试验，包括可触及性试验和抗电强度试验，以确定其他安全防护是否依然有效。

3.3.2 试验实施

1. 试验准备

本任务准备单如表 3.3.3 所示。

冲击试验

表 3.3.3 本任务准备单

任务名称	冲击试验	
准备清单	准备内容	完成情况
试验器材	准备好电源适配器(无破损、无拆机)	是( ) 否( )
	准备好一个实心钢球(直径为 50 mm±1mm、质量为 500 g±25 g)	是( ) 否( )
	准备好一根比钢球直径大的圆管	是( ) 否( )
	准备好卷尺一个	是( ) 否( )
试验环境	记录当前试验环境的温度和湿度	温度: _____℃; 湿度: _____%RH

1) 待测样品

(1) 准备待测样品。冲击试验的待测样品为电源适配器。

(2) 记录待测样品。拍照记录待测样品的六个面,查看样品是否完好、无拆机,确认样品是否符合进行冲击试验的条件。

2) 设备和治具

准备卷尺、实心钢球(直径为 50 mm±1 mm、质量为 500 g±25 g)和一根比钢球直径大的圆管。

冲击试验需要的试验器材如图 3.3.1 所示。

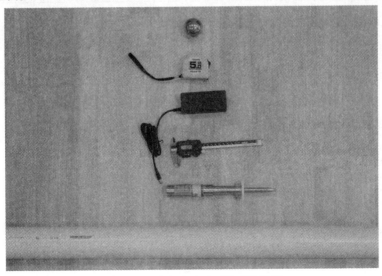

图 3.3.1 冲击试验需要的试验器材

3) 试验环境

冲击试验无特殊环境要求,但是一般情况下,为了使试验数据更加通用,测试机构要求全部试验在温度 23 ℃±5 ℃、相对湿度 75%以下进行(UL 要求)。

2. 试验步骤

(1) 用卷尺测量圆管高度是否为 1300 mm±10 mm。

(2) 取完整的待测样品外壳或能代表其最大未加强区域的部分，按其正常位置支撑好。

(3) 将待测样品置于硬质支撑面上。

(4) 将圆管置于待测样品上，使用直径为 50 mm±1 mm、质量为 500 g±25 g 的光滑实心钢球，通过圆管从 1300 mm±10 mm 高垂直落于样品外表面；或将钢球悬挂在绳索上，以实施水平冲击，从与冲击位置垂直距离 1300 mm±10 mm 处落下。

(5) 对试验前后的样品进行拍照记录。

3. 试验结果判定

冲击试验完成后要进行可触及性试验和抗电强度试验，根据是否通过这些试验，来判定样品是否通过冲击试验。

请将试验数据和判定结果记录在如表 3.3.4 所示的本任务工作单内。

表 3.3.4　本任务工作单

试验人：	报告编号：	试验日期：　　年　　月　　日
样品编号：	环境温度：＿＿＿＿＿℃；湿度：＿＿＿＿＿%RH	
检测设备：		
标准中附录 T.6	外壳冲击试验	
试验前样品的情况 （拍照）		
试验后样品的情况 （拍照）		
[ ]试验结果符合判定要求 [ ]试验结果不合格说明：＿＿＿＿＿＿＿＿＿＿＿＿＿＿＿＿＿＿＿		

3.3.3　技能考核

本任务技能考核表如表 3.3.5 所示。

表 3.3.5　本任务技能考核表

技能考核项目	操作内容		规定分值	评分标准	得分
课前准备	阅读标准，回答信息问题，完成冲击试验学习单		15	根据回答信息问题的准确度，分为 15 分、12 分、9 分、6 分、3 分和 0 分几个挡。允许课后补做，分数降低一个挡	
实施及操作	试验准备	准备待测样品	15	检查待测样品有无破损，记录在冲击试验准备单内得 5 分	
		准备一个卷尺、一个钢球、圆管		准备好得 5 分，缺 1 项扣 2 分	
		记录试验环境的温度和湿度		将环境温度和湿度正确记录到冲击试验准备单内得 5 分，否则酌情给分	
	试验步骤	取完整的待测样品，按其正常位置放在硬质支撑面上	50	选择正确区域得 10 分，支撑好得 10 分	
		将圆管置于待测样品上，钢球通过圆管掉落冲击样品		将圆管垂直置于样品上得 5 分，钢球在 1300 mm±10 mm 范围掉落得 10 分，掉落过程中钢球无多次砸中样品得 15 分，否则酌情给分	
	试验结果判定	判定样品是否合格	10	正确判定试验结果得 10 分，否则不给分	
6S 管理	现场管理		10	将设备归位得 5 分；将桌面垃圾带走、凳子归位得 5 分	
总分					

本任务整体评价表如表 3.3.6 所示。

表 3.3.6　本任务整体评价表

序号	评价项目	评价方式	得分
1	技能考核得分(60%)	教师评价	
2	小组贡献(10%)	小组成员互评	
3	试验报告完成情况(20%)	教师评价	
4	PPT 汇报(10%)	全体学生评价	

3.3.4 课后练一练

(1) 防火防护外壳的冲击高度是多少？其他设备的冲击高度是多少？

(2) 可移动式设备有哪些？直插式设备有哪些？请举例说明。

(3) 请列出冲击试验结果判定合格的标准。

(4) 请写出冲击试验的步骤。

(5) 请将本试验过程整理成试验报告，在一周内提交。

(6) 请完成该任务的 PPT，准备汇报。

任务 3.4　应力消除试验

情景引入

在生活中，我们都知道"热胀冷缩"的现象。例如一个乒乓球不小心被压瘪了，只要在热水里泡一泡就可以重新鼓起来。电子产品的外壳或者其他安全防护是使用热塑性材料制成的，如果材料在不同温度下发生不同程度的收缩或变形，那么这种变化会导致外壳产生裂缝或者形变吗？会让电子产品的安全防护失效吗？为了防止此类危险的发生，标准中要求用热塑性材料作为安全防护的电子产品应该要通过应力消除试验。

本任务是完成应力消除试验，请你学习标准中相关知识并完成试验，之后接受任务考核。

思政元素

在讨论电子产品的外壳和安全防护材料时，引入环保材料和可持续设计的概念，讨论如何在保证产品安全的同时，也考虑到环境保护和资源可持续利用(生态文明教育)。

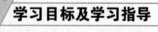

学习目标及学习指导

本任务学习目标及学习指导如表 3.4.1 所示。

表 3.4.1　本任务学习目标及学习指导

任务名称	应力消除试验	预计完成时间：2 学时
知识目标	✧ 了解 GB 4943.1—2022 中的 4.4.3.8 热塑性材料试验和 T.8 应力消除试验部分 ✧ 理解应力消除试验的原理 ✧ 熟悉应力消除试验的步骤 ✧ 掌握应力消除试验结果的判定标准	
技能目标	✧ 能说出应力消除试验的步骤 ✧ 能按步骤规范完成应力消除试验 ✧ 能正确记录试验数据 ✧ 能正确判定试验结果	
素养目标	✧ 自主阅读标准中的 4.4.3.8 和 T.8 ✧ 安全地按照操作规程进行试验 ✧ 自觉保持实验室卫生、环境安全(6S 要求) ✧ 培养团队成员研讨、分工与合作的能力	
学习指导	✧ 课前学：熟悉标准中的 4.4.3.8 和 T.8，完成应力消除试验学习单 ✧ 课中做：通过观看视频和教师演示，按照步骤，安全、规范地完成试验，并完成应力消除试验准备单和应力消除试验工作单 ✧ 课中考：完成本任务技能考核表 ✧ 课后练：完成试验报告、课后习题和 PPT 汇报	

3.4.1　相关标准及术语

为了完成本任务，请先阅读 GB 4943.1—2022 中的 4.4.3.8 热塑性材料试验和 T.8 应力消除试验部分，并完成如表 3.4.2 所示的本任务学习单(课前完成)。

表 3.4.2　本任务学习单

任务名称	应力消除试验
学习过程	回答问题
信息问题	(1) 哪些设备需要进行应力消除试验？ (2) 应力消除试验前需要做什么试验？ (3) 使用哪些仪器设备进行应力消除试验？ (4) 烘箱需要调到多少摄氏度？ (5) 如何判定试验结果是否合格？

1. 相关标准

以下是应力消除试验的相关标准(摘录)。

4.4.3.8 热塑性材料试验

如果安全防护是由模压或注塑成形的热塑性材料制成的,则该安全防护应做成这样的结构,使得由于材料释放内应力出现的任何收缩或变形,都不得使该安全防护失效。热塑性材料应承受 T.8 的应力消除试验。

T.8 应力消除试验

应力消除通过 GB/T 5169.19 的模具应力消除试验或下述试验或检查结构和可获得的适当的数据来进行检验。

一个由完整设备构成的样品,或者由完整外壳连同任何支撑框架一起构成的样品,放置在空气循环烘箱内,烘箱温度比进行 5.4.1.4.2 的发热试验时测得的样品最高温度高 10 K,但不低于 70℃,保持 7 h,然后冷却至室温。

对于大型设备,如果无法对整个外壳进行处理,则可以使用外壳的一部分进行试验,这一部分外壳的厚度和形状以及包含的任何机械支撑件能代表整个装置的外壳。

注:在本试验期间,相对湿度不必保持在一个特定值。

---

2. 相关术语

热塑性材料(thermoplastic material):在一定温度范围内,通过加热可以软化或熔融,冷却后能够保持一定形状的材料。

3. 标准解读

1) 试验目的

模压或注塑成形的热塑性塑料外壳的结构,应当能保证外壳材料在释放用模压或注塑成形所产生的内应力时,该外壳材料的任何收缩或形变不会有标准中定义的危险发生。

2) 试验设备

应力消除试验的设备通常为具有热塑性的塑料外壳,如电源适配器的塑料外壳。

注:应力消除试验不只适用于标准中 4.4.3.8 规定的场景,例如标准中 4.8.4.2 规定:"如果电池仓是使用模压或注塑成型的热塑性材料,则对由完整设备构成的一个样品、或由完整外壳连同任何支撑框架一起构成的一个样品,按照 T.8 的应力消除试验进行试验。"因此,试验就像一个"子程序",在标准中提到要进行该试验时,我们就"调用该试验"。

3) 试验要求

(1) 试验前,应先进行标准中 5.4.1.4.2 的发热试验,测得样品的最高温度(因为应力消除试验需要用到该数据)。

(2) 试验时,将待测样品放在烘箱内,设置合适的烘箱温度。温度的计算方法如下:

烘箱设置温度=测量到的样品的最高内部外壳温度(ΔT_{max})+ 10 K+ 制造商宣告的最大操作温度(T_{mra})。

注:计算出来的温度要跟 70 ℃进行比较,取两者中的较大者。意思是,当计算出来的温度低于 70 ℃时,以 70 ℃为准;当计算出来的温度高于 70 ℃时,以计算出来的温度为准。

(3) 将待测样品放在烘箱内 7 h。

(4) 取出样品，待其冷却后，再进行可触及性试验、抗电强度试验和绝缘距离试验，以判定应力消除试验是否合格。

4) 结果判定

若待测样品的可触及性试验、抗电强度试验和绝缘距离试验均合格，则应力消除试验合格。

3.4.2　试验实施

1. 试验准备

本任务准备单如表 3.4.3 所示.

应力消除试验

表 3.4.3　本任务准备单

任务名称	应力消除试验	
准备清单	准备内容	完成情况
试验器材、仪器	准备好待测样品一个	是(　) 否(　)
	准备好秒表一个	是(　) 否(　)
	准备好游标卡尺一个	是(　) 否(　)
	准备好温升记录仪一个	是(　) 否(　)
	准备好试验指两个	是(　) 否(　)
	准备好烘箱一个	是(　) 否(　)
试验环境	记录当前试验环境的温度和湿度	温度：＿＿＿＿＿℃；湿度：＿＿＿＿＿%RH

1) 试验器材

应力消除试验需要的试验器材包括待测样品、秒表、游标卡尺和试验指，如图 3.4.1 所示。准备好器材，并填写应力消除试验准备单。

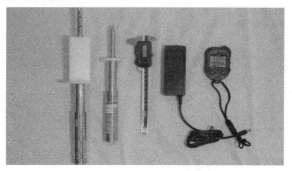

图 3.4.1　应力消除试验需要的试验器材

2) 试验仪器

应力消除试验需要的试验仪器包括温升记录仪、烘箱，如图 3.4.2 所示。

(a) 温升记录仪　　　　　　(b) 烘箱

图 3.4.2　应力消除试验需要的试验仪器

3) 试验环境

先将样品在烘箱温度比温升试验时测得的样品最高温度高 10 K，但不低于 70 ℃的环境中保持 7 h，然后静置待测样品至室温。

相对湿度没有特殊要求，一般为正常湿度范围。

2. 试验步骤

(1) 打开温升记录仪，用热电偶将烘箱内部温度测试点与温升记录仪连接起来。

(2) 对烘箱设定好达到试验要求的温度(烘箱温度不得低于 70 ℃)。

(3) 将待测样品放入烘箱，同时用秒表计时 7 h。

(4) 7 h 后拿出待测样品，将待测样品冷却至室温(一般静置约 0.5 h)。

(5) 对待测样品进行可触及性试验、抗电强度试验和绝缘距离试验(参考相关章节)，并判断是否合格。

3. 试验结果判定

若待测样品的可触及性试验、抗电强度试验和绝缘距离试验均合格，则应力消除试验合格，否则为不合格。

请将试验数据和判定结果记录到如表 3.4.4 所示的本任务工作单内。

表 3.4.4　本任务工作单

试验人：	报告编号：		试验日期：　　年　　月　　日
样品编号：	环境温度：＿＿＿＿＿℃；湿度：＿＿＿＿＿＿%RH		
检测设备：			
标准中附录 T.8	应力消除试验		
试验前样品的情况(拍照)			
放入烘箱 7 h 后样品的情况(拍照)			
样品进行可触及性试验：通过(　)；未通过(　) 未通过原因：＿＿＿＿＿＿＿＿＿＿＿＿＿＿＿＿＿＿＿＿＿＿			
样品进行抗电强度试验：通过(　)；未通过(　) 未通过原因：＿＿＿＿＿＿＿＿＿＿＿＿＿＿＿＿＿＿＿＿＿＿			
样品进行绝缘距离试验：通过(　)；未通过(　) 未通过原因：＿＿＿＿＿＿＿＿＿＿＿＿＿＿＿＿＿＿＿＿＿＿			
注意：该试验结束后需通过可触及性试验、抗电强度试验和绝缘距离试验来判定其是否合格，其中任意一项试验不合格，则该试验为不合格			

3.4.3　技能考核

本任务技能考核表如表 3.4.5 所示。

表 3.4.5　本任务技能考核表

技能考核项目	操作内容		规定分值	评分标准	得分
课前准备	阅读标准，回答信息问题，完成应力消除试验学习单		15	根据回答信息问题的准确度，分为 15 分、12 分、9 分、6 分、3 分和 0 分几个挡。允许课后补做，分数降低一个挡	
实施及操作	试验准备	准备好所有的试验器材	15	准备好得 5 分，若缺少，按缺少数量酌情扣分	
		计算烘箱应该设定的温度		计算正确得 5 分，否则酌情给分	
		记录试验环境的温度和湿度		将环境温度和湿度正确记录到应力消除试验准备单内得 5 分，否则酌情给分	
	试验步骤	连接烘箱和温升记录仪，设定好烘箱温度	50	规范操作得 10 分，否则酌情给分	
		放好样品，同时用秒表计时，7 h 后拿出样品冷却		规范操作得 10 分。得分点：秒表计时得 5 分；冷却样品得 5 分	
		样品冷却后做可触及性试验、抗电强度试验和绝缘距离试验		规范操作得 30 分。得分点：做可触及性试验得 10 分；做抗电强度试验得 10 分；做绝缘距离试验得 10 分	
	试验结果判定	判定样品是否合格	10	正确判定试验结果得 10 分，否则不给分	
6S 管理	现场管理		10	将设备归位得 5 分；将桌面垃圾带走、凳子归位得 5 分	
总分					

本任务整体评价表如表 3.4.6 所示。

表 3.4.6 本任务整体评价表

序号	评价项目	评价方式	得分
1	技能考核得分(60%)	教师评价	
2	小组贡献(10%)	小组成员互评	
3	试验报告完成情况(20%)	教师评价	
4	PPT 汇报(10%)	全体学生评价	

3.4.4 课后练一练

1. 判断题

(1) 应力消除试验前需要先进行温升试验。( )

(2) 应力消除试验的温度可以设置在 50 ℃。( )

(3) 电源适配器外壳在进行应力消除试验后，只要外壳没有变化就可以判定为合格。( )

(4) 应力消除试验结束后需要通过试验指试验、接地试验和绝缘距离试验来判定其是否合格。( )

2. 简答题

(1) 请写出应力消除试验的步骤。

(2) 请列出应力消除试验结果判定合格的标准。

(3) 请将本试验过程整理成试验报告，在一周内提交。

(4) 请完成该任务的 PPT，准备汇报。

项目 4 电能量源的安全防护测试

项目要求

本项目要求：学习防止电能量源引起的伤害，即减小由于电流流过人体引起的疼痛效应和伤害的可能性而采取的安全防护相关知识，完成电能量源(ES)分级试验、模拟异常工作条件和单一故障条件试验、工作电压测试试验、电气间隙和爬电距离测试试验、湿热处理试验、抗电强度试验、断开连接器后电容器的放电试验、接地阻抗试验、接触电流试验等九个任务，掌握电子产品安规测试岗位中有关电能量源的安全防护测试这一工作技能。

任务 4.1 电能量源分级试验

情景引入

生活中，我们经常会见到有人忘记将手机充电器的插头从插座上拔下，如果有小孩接触这个充电器的 USB 接口，会发生触电危险吗？标准中有哪些要求是为了避免此类危险发生呢？

本任务是完成电能量源分级试验，请你学习标准中相关知识并完成试验，之后接受任务考核。

思政元素

通过提出的情景，让学生思考作为家庭成员应承担的安全责任，比如保护儿童免受家用电器的潜在危害，强化学生对家庭安全的责任感和保护弱小的意识(道德教育)。

通过学习电能量源的分级和相关试验步骤，培养学生的科学技术素养和试验操作能力，鼓励学生探索如何通过技术创新进一步提高产品的安全性，例如开发更安全的电源设计和采取更安全的保护措施(创新与实践)。

学习目标及学习指导

本任务学习目标及学习指导如表 4.1.1 所示。

表 4.1.1　本任务学习目标及学习指导

任务名称	ES 分级试验	预计完成时间：4 学时
知识目标	✧ 了解 GB 4943.1—2022 中的 5.2 电能量源的分级和限值部分 ✧ 理解正常工作条件、异常工作条件、单一故障条件、基本安全防护、附加安全防护、加强安全防护、安全防护、一般人员、受过培训的人员、熟练技术人员 ✧ 熟悉 ES 的分级： ES1，ES2，ES3 ✧ 理解 ES 分级试验的原理 ✧ 熟悉 ES 分级试验的步骤 ✧ 掌握 ES 分级试验结果的判定标准	
技能目标	✧ 掌握示波器的基本操作 ✧ 会搭建 ES 分级试验电路 ✧ 会挑选 ES 分级试验电路的单一故障点位 ✧ 能按步骤规范完成 ES 分级试验 ✧ 能正确记录试验数据 ✧ 能正确判定试验结果	
素养目标	✧ 自主阅读标准中的 5.2 ✧ 安全地按照操作规程进行试验 ✧ 自觉保持实验室卫生、环境安全(6S 要求) ✧ 培养团队成员研讨、分工与合作的能力	
学习指导	✧ 课前学：熟悉标准中的 5.2，完成 ES 分级试验学习单 ✧ 课中做：通过观看视频和教师演示，按照步骤，安全、规范地完成试验，并完成 ES 分级试验准备单和 ES 分级试验工作单 ✧ 课中考：完成本任务技能考核表 ✧ 课后练：完成试验报告、课后习题和 PPT 汇报	

4.1.1　相关标准及术语

为了完成本任务，请先阅读 GB 4943.1—2022 中的 5.2 电能量源的分级和限值部分，并完成如表 4.1.2 所示的本任务学习单(课前完成)。

表 4.1.2 本任务学习单

任务名称	ES 分级试验
学习过程	回答问题
信息问题	(1) 设备进行 ES 分级试验的位置有哪些？ (2) 要求测量的电压是什么电压？ (3) ES 分级试验的各等级要求的限值是多少？ (4) ES 分级试验的电压超过要求的限值后需要做什么？

1. 相关标准

以下是 ES 分级试验的相关标准(摘录)。

5.2 电能量源的分级和限值

5.2.1 电能量源的分级

5.2.1.1 ES1

ES1 是 1 级电能量源，其电流或电压水平：

——在下述条件下不超过 ES1 限值：

　　• 正常工作条件下，和

　　• 异常工作条件下，和

　　• 不用做安全防护的元器件、装置或绝缘的单一故障条件下；和

——在基本安全防护或附加安全防护的单一故障条件下不超过 ES2 限值。

注：可触及性要求见 5.3.1。

5.2.1.2 ES2

ES2 是 2 级电能量源，满足下列条件：

——电压和电流都超过 ES1 限值，和

——在下述条件下，电压或电流不超过 ES2 限值：

　　• 正常工作条件下，和

　　• 异常工作条件下，和

　　• 单一故障条件下。

注：可触及性要求见 5.3.1。

5.2.1.3 ES3

ES3 是 3 级电能量源，其电压和电流都超过 ES2 限值。

5.2.2 电能量源 ES1 和 ES2 的限值

5.2.2.1 基本要求

5.2.2 规定的限值是相对于地或相对于可触及零部件的限值。

如果电压低于电压限值，则对电流没有限值要求。同样，如果电流低于电流限值，则对电压没有限值要求，见图21。

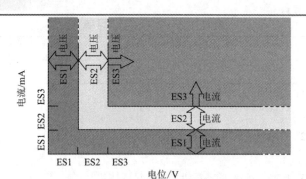

图 21   ES 电压和电流限值示意图

5.2.2.2 稳态电压和电流的限值

电能量源的分级是由正常工作条件下、异常工作条件下和单一故障条件下的电压和电流来确定的(见表 4)。

表 4   静态 ES1 和 ES2 电能量源的限值

能量源	ES1 限值		ES2 限值		ES3
	电压	电流 [a,c,d]	电压	电流 [b,c,e]	
DC[c]	60 V	2 mA	120 V	25 mA	≥ES2
AC≤1 kHz	30 V(有效值) 42.4 V(峰值)	0.5 mA(有效值) 0.707 mA(峰值)	50 V(有效值) 70.7 V(峰值)	5 mA (有效值) 7.07 mA (峰值)	≥ES2
AC>1 kHz~ ≤100 kHz	30 V(有效值)+0.4f 42.4 V(峰值) +0.4$\sqrt{2}f$		50 V(有效值)+0.9f 70.7 V(峰值)+ 0.9$\sqrt{2}f$		≥ES2
AC>100 kHz	70 V(有效值) 99 V(峰值)		140 V(有效值) 198 V(峰值)		≥ES2
合成 AC 和 DC	$\dfrac{U_{DC}(V)}{60}+\dfrac{U_{ACRMS}(V)}{U_{RMSlimt}}\leq1$ $\dfrac{U_{DC}(V)}{60}+\dfrac{U_{ACpeak}(V)}{U_{peaklimt}}\leq1$	$\dfrac{I_{DC}(mA)}{2}+\dfrac{I_{ACRMS}(mA)}{0.5}\leq1$ $\dfrac{I_{DC}(mA)}{2}+\dfrac{I_{ACpeak}(mA)}{0.707}\leq1$	按图 23	按图 22	≥ES2

作为以上要求的替代，对纯正弦波形可以使用以下数值。

能量源	ES1 限值	ES2 限值	ES3
	电流 [c](有效值)	电流 [c](有效值)	
AC≤1 kHz	0.5 mA	5 mA	>ES2
AC>1 kHz~ ≤100 kHz	0.5 mA×f[d]	5 mA+0.95f[e]	>ES2
AC>100 kHz	50 mA[d]	100 mA[e]	>ES2

f 的单位是千赫兹(kHz)

对非正弦的电压和电流应使用峰值。仅对正弦电压和电流使用有效值

预期接触电压和接触电流的测量见 5.7

[a] 使用 IEC 60990：2016 中图 4 规定的测量网络测量电流。

[b] 使用 IEC 60990：2016 中图 5 规定的测量网络测量电流。

[c] 对正弦和直流波形，可以使用 2000 Ω 电阻来测量电流。

[d] 22 kHz 以上，可触及区域限制在 1 cm²。

[e] 36 kHz 以上，可触及区域限制在 1 cm²。

　　该电压值和电流值是电能量源能传送的最大值。当电压值或电流值持续时间等于或大于 2 s 时认为达到稳态，否则按适用情况，采用 5.2.2.3、5.2.2.4 或 5.2.2.5 的限值。

　　注：在丹麦，如果接触电流超过 3.5 mA a.c.或 10 mA d.c.的限值时，需要有大接触电流的警告(标识安全防护)。

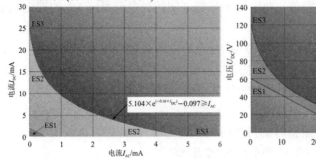

图 22　合成的交流电流和直流电流的最大值　　　　图 23　合成的交流电压和直流电压的最大值

5.2.2.3　电容量限值

　　如果电能量源是一个电容器，则要根据其充电电压和电容量来划分该能量源的级别。电容量是电容器的电容量额定值加规定的容差。

　　对各种电容量值，ES1 和 ES2 限值在表 5 中列出。

　　注 1：ES2 对应的电容量值取自 IEC/TS 61201：2007 中表 A.2。

　　注 2：ES1 对应的电容量值是将 IEC/TS 61201：2007 中表 A.2 的数值除以 2 计算得到的。

表 5　充电的电容器的电能量源限值

C/nF	ES1 U_{peak}/V	ES2 U_{peak}/V	ES3 U_{peak}/V
300 或更大	60	120	
170	75	150	
91	100	200	
61	125	250	
41	150	300	
28	200	400	
18	250	500	
12	350	700	>ES2
8.0	500	1000	
4.0	1000	2000	
1.6	2500	5000	
0.8	5000	10 000	
0.4	10 000	20 000	
0.2	20 000	40 000	
0.133 或更小	30 000	60 000	
允许在最近的两点之间使用线性内插法			

5.2.2.4 单个脉冲限值

如果电能量源是单个脉冲,则要根据其电压和持续时间,或根据其电流和持续时间来划分该电能量源级别。电压和电流的限值在表 6 和表 7 中给出。如果电压超过限值,则电流不得超过限值。如果电流超过限值,则电压不得超过限值。电流要按 5.7 的规定测量。对于重复脉冲,见 5.2.2.5。

脉冲持续时间不超过 10 ms,要采用 10 ms 对应的电压和电流限值。

如果在 3 s 周期内检测到 1 个以上的脉冲,则该电能量源按重复脉冲对待,适用 5.2.2.5 的限值。

注 1: 根据 GB/T 13870.1—2008 中图 22 和表 10 计算脉冲限值。

注 2: 这些单个脉冲不包括瞬态脉冲。

注 3: 电压或电流超过 ES1 限值时的持续时间认为是脉冲持续时间。

表 6　单个脉冲的电压限值

脉冲持续时间/ms 小于或等于	电能量源等级		
	ES1 U_{peak}/V	ES2 U_{peak}/V	ES3 U_{peak}/V
10		196	
20		178	
50	60	150	>ES2
80		135	
100		129	
200 及更长		120	

如果脉冲持续时间处在任意两行的数值之间,则应使用较低的 ES2 的 U_{peak} 值,或者可以在任意相邻两行之间使用线性内插法,并将计算所得的峰值电压值向下取整到最接近的电压值

如果 ES2 的峰值电压处在任意两行的数值之间,则可以使用较短的脉冲持续时间值,或者可以在任意相邻两行之间使用线性内插法,并将计算所得的脉冲持续时间向下取整到最接近的毫秒值

表 7　单个脉冲的电流限值

脉冲持续时间/ms 小于或等于	电能量源等级		
	ES1 I_{peak}/mA	ES2 I_{peak}/mA	ES3 I_{peak}/mA
10		200	
20		153	
50		107	
100		81	
200	2	62	>ES2
500		43	
1000		33	
2000 及更长		25	

如果脉冲持续时间处在任意两行的数值之间,则应使用较低的 ES2 的 I_{peak} 值,或者可以在任意相邻两行之间使用线性内插法,并将计算所得的峰值电流值向下取整到最接近的毫安值

如果 ES2 的峰值电流处在任意两行的数值之间,则应使用较短的脉冲持续时间值,或者可以在任意相邻两行之间使用线性内插法,并将计算所得的脉冲持续时间向下取整到最接近的毫秒值

5.2.2.5　重复脉冲的限值

除了附录 H 包括的脉冲外，重复脉冲的电能量源级别要根据可提供的电压或可提供的电流来确定。如果电压超过限值，则电流不得超过限值。如果电流超过限值，则电压不得超过限值。电流要按 5.7 的规定测量。

对脉冲间隔时间小于 3 s 的脉冲适用 5.2.2.2 的峰值限值。对更长间隔时间的脉冲适用5.2.2.4 的限值。

5.2.2.6　振铃信号

如果电能量源是附录 H 规定的模拟电话网络的振铃信号，则认为该能量源级别是 ES2。

5.2.2.7　音频信号

对音频信号的电能量源，在 E.1 中规定了限值。

2. 相关术语

(1) 正常工作条件(normal operation condition)：参考本书 2.2.1 节相关内容。

(2) 异常工作条件(abnormal operating condition)：非正常工作条件和非设备自身单一故障条件的暂时性工作条件。

注 1：异常工作条件在标准中 B.3 做出规定。

注 2：异常工作条件可能是由于设备或由于人员而引起的。

注 3：异常工作条件可能会导致元器件、装置或安全防护的失效。

(3) 单一故障条件(single fault condition)：设备在正常工作条件下，单一安全防护(但不是加强安全防护)或者单一元器件或装置发生一个故障的条件。

注：标准中 B.4 规定了单一故障条件。

例如，在进行电动机试验时，将风扇电动机的转子堵转，以便停止通风，这属于单一故障条件；在进行电容放电试验时，将电容放电回路的泄放电阻断开，也属于单一故障条件。

(4) 基本安全防护(basic safeguard)：当设备存在能引起疼痛或伤害的能量源时，能在正常工作条件和异常工作条件下提供保护的安全防护。

(5) 附加安全防护(supplementary safeguard)：除基本安全防护以外所施加的安全防护，在基本安全防护失效时就能起作用或开始生效。

(6) 加强安全防护(reinforced safeguard)：在正常工作条件、异常工作条件和单一故障条件下起作用的单一安全防护。

(7) 安全防护(safeguard)：为减小可能的疼痛或伤害，或着火时为减小可能的引燃或火焰的蔓延而专门提供的有形部件、系统或指示。

(8) 一般人员(ordinary person)：既不是熟练技术人员，也不是受过培训的人员。

(9) 受过培训的人员(instructed person)：针对能量源经过熟练技术人员指导或监督的人员，他们能够针对各种能量源有鉴别地使用设备级安全防护和预防性安全防护。

注 1：定义中使用的"监督"是指对其他人员的行为进行的指导和监管。

注 2：在德国，很多情况下只有满足特定法律要求的人员才能被视为受过培训的人员。

(10) 熟练技术人员 (skilled person)：受过相关教育或富有经验的能识别危险并能采取适当的行动来降低对自身或其他人员的伤害的危险的人员。

注 1：在德国，很多情况下只有满足特定法律要求的人员才能被视为熟练技术人员。

注 2：改写 GB/T 2900.71—2008 中定义 826-18-01。

3. 标准解读

1) 试验目的

在正常工作条件、异常工作条件和单一故障条件下，对一般人员、受过培训的人员和熟练技术人员可能接触到的产品输出端口的电能量源进行等级评估，并针对不同的能量源等级和不同的人员确认产品的不同安全防护。

2) 适用的设备/元器件

(1) 如果产品可触及的输出口有电压和电流输出，则需要做 ES 可触及部件的试验。

(2) 如果产品前端电路中有安规电容，也需要做 ES 充电电容(一般是 X 电容)的试验。

注：一般情形下，电子产品是持续性工作的，但也有电子产品的工作类型是单一脉冲和重复脉冲，这类电子产品与持续性工作的电子产品的能量源等级要求不同。

3) 电能量源的分级

在标准中，电能量源分成三级，分别为 ES1、ES2 和 ES3(参考标准中 5.2.1)，分级依据详见标准中的表 4。

需要注意的是：

(1) 电能量源的分级需要考虑工作条件，如 ES1 要求在正常工作条件、异常工作条件和部分的单一故障条件下，其电流或电压水平不超过 ES1 限值。

(2) ES 限值考虑电压和电流，只要其中一个没有超过相应等级的限值，则对应产品就属于该等级。例如，在测量某电子产品的输出口电压和电流时，电压值没有超过 ES1 限值，但电流值超过了 ES1 限值，最终的结果就是该电子产品属于 ES1 等级(参考标准中的图21)。

4) 试验要求

(1) 测量的可触及输出口电压和电流需要根据能量源输出的电源类型、频率、有效值、峰值等条件由标准中的表 4 确定对应的限值。

(2) 正弦电压和电流使用有效值电压进行判断，非正弦电压和电流使用峰值电压进行判断。

(3) 需要在正常工作条件、异常工作条件和单一故障条件下进行试验。

正常工作条件下使用标准 IEC 60990：2016 中的试验电路图 4 测量电流，如图 4.1.1 所示；异常工作条件和单一故障条件下使用标准 IEC 60990：2016 中的试验电路图 5 测量电流，如图 4.1.2 所示。

(4) 试验电压为额定高压的 1.1 倍，频率为上限频率，试验时无需加负载。

(5) 试验获得的电压值一般用示波器进行观察，获得的电流值一般用接触电流测试仪进行观察。

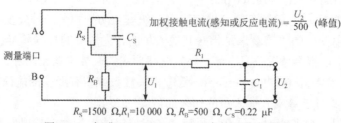

$R_S=1500 \ \Omega, R_1=10\ 000 \ \Omega, R_B=500 \ \Omega, C_S=0.22 \ \mu F$

图 4.1.1   标准 IEC 60990：2016 中的试验电路图 4

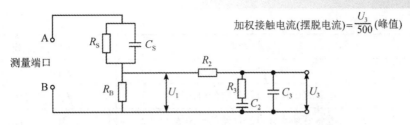

加权接触电流(摆脱电流)$=\dfrac{U_3}{500}$(峰值)

R_S=1500 Ω, R_3=20 000 Ω, R_B=500 Ω, C_2=0.0062 μF, C_S=0.22 μF, C_3=0.0091 μF, R_2=10 000 Ω

图 4.1.2   标准 IEC 60990：2016 中的试验电路图 5

5) 合格判定

在正常工作条件下，对一般人员，测得的可触及输出口电压或电流符合标准中表 4 的 ES1 的限值；在正常工作条件下，对受过培训的人员，测得的可触及输出口电压或电流符合标准中表 4 的 ES2 的限值；在异常工作条件和单一故障条件下，测得的可触及输出口电压或电流符合标准中表 4 的 ES2 的限值。

一般产品的 Y 电容不高于 2200 pF，判定合格需满足标准中的以下要求：在正常工作条件下，对一般人员需要符合电压在 60 V 以下的限值或电流在 2 mA 以下的限值；在正常工作条件下，对受过培训的人员需要符合电压在 120 V 以下的限值或电流在 25 mA 以下的限值；在异常工作条件和单一故障条件下，对一般人员和受过培训的人员需要符合 120 V 和 25 mA 以下的限值。

4.1.2 试验实施

ES 分级试验

1. 试验准备

本任务准备单如表 4.1.3 所示。

表 4.1.3   本任务准备单

任务名称	ES 分级试验	
准备清单	准备内容	完成情况
受试设备	受试设备完整(包含电源线)、无拆机	是( ) 否( )
	准备仪器与受试设备连接的电源线	是( ) 否( )
	记录待测样品的电压和频率； 记录待测样品的 X 电容； 记录待测样品的单一故障零部件位号	电压：_____V； 频率：_____Hz； 电容：_____F； 零部件位号：_____
连接线	设备输出连接线一端已做好剥线处理	是( ) 否( )
	测试并记录连接线 1 的 L 极、N 极和接地端	棕色：__极；蓝色：__极； 黄绿色：_____极
	单一故障零部件上的短路开关连接线已做好	是( ) 否( )
	功率计输出端连接头已处理好	是( ) 否( )

续表

准备清单	准备内容	完成情况
试验仪器	准备好示波器以及探棒	是( ) 否( )
	准备好电压源以及仪器的电源线	是( ) 否( )
	准备好功率计以及仪器的电源线	是( ) 否( )
	准备好接触电流测试仪以及仪器的电源线	是( ) 否( )
	确认功率计的校准日期是否在有效期内	是( ) 否( )
	确认示波器的校准日期是否在有效期内	是( ) 否( )
	确认接触电流测试仪的校准日期是否在有效期内	是( ) 否( )
试验环境	记录当前试验环境的温度和湿度	温度：_____℃； 湿度：_____%RH

1) 受试设备

(1) 确认 EUT 是否完好，能否正常工作。

(2) 确认 ES 分级试验测量位置。

① 观察样品是否存在一般人员可触及带电部位。在 EUT 中，只有输出端子能被一般人员接触，因此只需要测量适配器输出端子。输出端子需要测量的三个位置为"正极到负极""正极到地""负极到地"。

② 观察样品是否存在 X 电容。本试验的电源适配器中是存在 X 电容的，因此也需要对输入端的火线和零线进行测量。

EUT 的额定电压为 100～240 V，额定频率为 50/60 Hz，电网电源电压为 220 V(有效值)，需要确定以下测量位置的试验电压：

适配器输出的正极到负极；

适配器输出的正极到地；

适配器输出的负极到地；

X 电容前端的 L 极和 N 极部位，如图 4.1.3 所示。

(3) 参考图 2.2.2 的方法对受试设备进行处理。

(4) 确认异常试验点位。

图 4.1.3　X 电容前端的 L 极和 N 极

① 根据标准中 B.3 的要求，一般情况下，ES 异常试验的异常状态包括堵风口、堵转风扇和过载等。具体到电源适配器样品，需要进行的异常试验包括变压器过载和输出过载两项。

② 根据标准中 B.4 的要求，一般情况下，ES 单一故障状态下的试验主要面向对输出电压和接触电流会有保护(shutdown)作用的零部件，如图 4.1.4 中的标注部位所示。具体到电源适配器样品，需要对涉及限制电压输出的零部件进行单一故障(短路)处理，这些零部件包括变压器输出端限压保护电路内的二极管、电阻和电容，高压电路中有限压作用的 IC。图 4.1.5 为单一故障准备示意图。

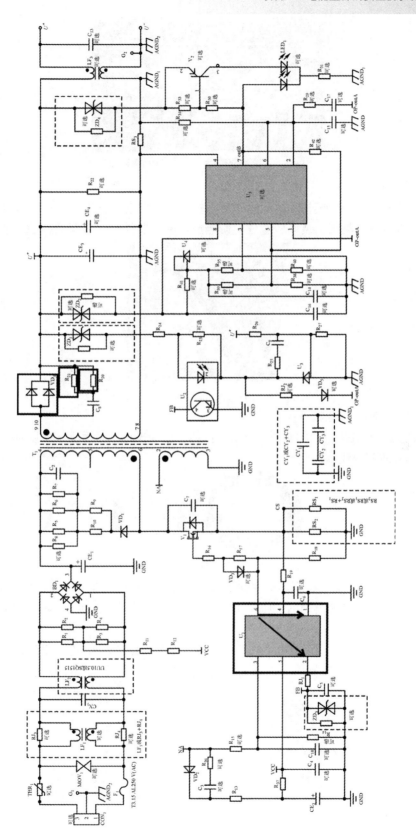

图 4.1.4　有保护作用的零部件

图 4.1.5　单一故障准备示意图(光耦短路)

2) 试验治具

通过一个试验治具，模拟受试设备在插头拔出时的状态。首先，需要制作如图 4.1.6 所示的试验治具 (注意测试工装不应有任何影响放电的元器件，比如开关指示灯等)。

图 4.1.6　试验治具

试验治具的制作步骤如下：

(1) 准备如图 4.1.7 所示的耗材，包括电源线一根、普通开关插座一个以及导线若干(能区分火线、零线和地线)。

图 4.1.7　制作试验治具需要的耗材

(2) 打开普通开关插座的外壳，按照图 4.1.8 所示将火线、零线和地线分别接入对应的位置。在制作时，注意根据插座的标识以及电源线的标识区分火线、零线和地线，一一对应接线。

(3) 在插座的上面板上，用电烙铁开两个孔，如图 4.1.9 所示，用于引出试验点(火线和零线)，方便后续接示波器探棒。注意孔的位置要合适，避免影响插座使用。

图 4.1.8　试验治具内部接线

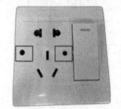

图 4.1.9　插座上面板开孔

(4) 接好开关的外壳，并用万用表测试试验治具的连线。

3) 试验仪器

(1) ES 分级试验需要的试验仪器包括交流电源、功率计、示波器、接触电流测试仪以及电压探棒，如图 4.1.10 所示。

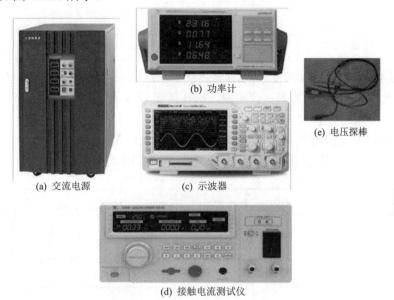

(b) 功率计

(e) 电压探棒

(a) 交流电源　　(c) 示波器

(d) 接触电流测试仪

图 4.1.10　ES 分级试验需要的试验仪器

注：标准规定，需使用输入阻抗为 100 MΩ ±5 MΩ，输入电容为 25 pF 或更小的电压探棒进行试验，这是为了减小仪器对试验结果的影响。

(2) 确认仪器的校准日期是否在有效期内。

4) 试验环境

ES 分级试验无特殊环境要求，但是一般情况下，为了使试验数据更加通用，测试机构要求全部试验在温度 23℃±5℃、相对湿度 75%以下进行(UL 要求)。

2. 搭建试验电路

ES 分级试验电路主要包括交流电源、功率计、EUT 和示波器或接触电流测试仪几部分。接线时，先把交流电源的输出接到功率计的输入，再把 EUT 接到功率计的输出(火线、零线和地线)；然后，分别用示波器和接触电流测试仪测试电压和电流。

测试电压时，用示波器探棒分别连接 EUT 的相关位置，具体包括：

(1) EUT 输出口正极到负极，此时电路框图如图 4.1.11 所示；

(2) EUT 输出口正极/负极和大地，此时电路框图如图 4.1.12 所示。

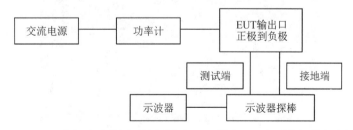

图 4.1.11　ES 分级试验使用示波器测试 EUT 输出口正极到负极的电路框图

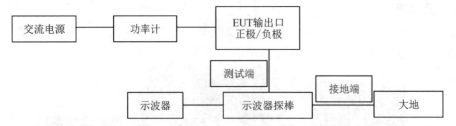

图 4.1.12 ES 分级试验使用示波器测试 EUT 输出口正极/负极和大地的电路框图

测试电流时，将接触电流测试仪的输入端连接到 EUT 的火线和零线，而接触电流测试仪的 Hi 和 Lo 分别连接 EUT 的以下位置：

(1) EUT 输出口正极到负极，此时电路框图如图 4.1.13 所示；

(2) EUT 输出口正极/负极和大地，此时电路框图如图 4.1.14 所示。

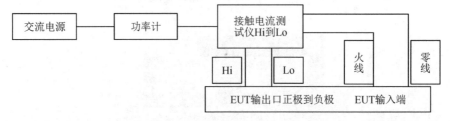

图 4.1.13 ES 分级试验使用接触电流测试仪测试 EUT 输出口正极到负极的电路框图

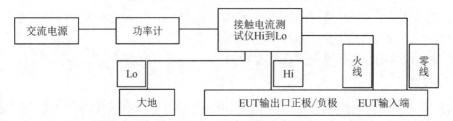

图 4.1.14 ES 分级试验使用接触电流测试仪测试 EUT 输出口正极/负极和大地的电路框图

按照图 4.1.11 至图 4.1.14，将交流电源、功率计、试验治具、EUT、示波器或接触电流测试仪都接好线(注意接线时任何仪器都不能通电)。使用示波器和接触电流测试仪测试实际电路的实物图分别如图 4.1.15、图 4.1.16 所示。

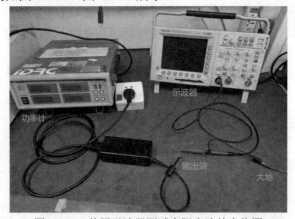

图 4.1.15 使用示波器测试实际电路的实物图

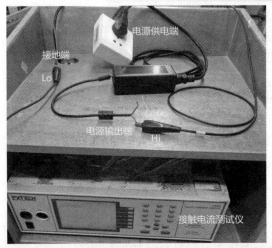

图 4.1.16 使用接触电流测试仪测试实际电路的实物图

3. 试验步骤

正常情况下测试接触电压:

(1) EUT 正常上电工作,但不带载。

(2) 示波器探棒上的测试端和接地端,分别连接 EUT 输出端的正极和负极、正极和地、负极和地。

(3) 测量并记录示波器上的电压波形、峰值、有效值和频率。

正常情况下测试接触电流(只有在接触电压超过 ES1 限值时才做本试验):

(1) EUT 的 L 极和 N 极分别连接接触电流测试仪的供电插座位置。

(2) 接触电流测试仪的 Hi 和 Lo 两个测试端子分别连接 EUT 输出端的正极和负极、正极和地、负极和地。

(3) 操作仪器使用 IEC 60990:2016 中的试验电路图 4 或图 5 进行测试。

(4) 测量并记录接触电流测试仪上的接触电流值。

EUT 根据标准中 B.3 的要求在异常情况下测试接触电压:

(1) EUT 正常上电工作,但不带载。

(2) EUT 分别在变压器过载和输出过载情况下,重复正常情况下测试接触电压的步骤(2)、(3)。

EUT 根据标准中 B.3 的要求在异常情况下测试接触电流:

(1) EUT 的 L 极和 N 极分别连接接触电流测试仪的供电插座位置。

(2) EUT 在输出过载后,重复正常情况下测试接触电流的步骤(2)、(3)、(4)。

EUT 根据标准中 B.4 的要求在单一故障情况下测试接触电压：

(1) EUT 正常上电工作，但不带载。

(2) EUT 进行对电压有保护作用的零部件单一短路后，重复正常情况下测试接触电压的步骤(2)、(3)。

EUT 根据标准中 B.4 的要求在单一故障情况下测试接触电流：

(1) EUT 的 L 极和 N 极分别连接接触电流测试仪的供电插座位置。

(2) EUT 进行对电压有保护作用的零部件单一短路后，重复正常情况下测试接触电流的步骤(2)、(3)、(4)。

4. 试验结果判定

最终的能量等级判定：

一般人员使用的一般电源产品输出端子在正常工作条件、异常工作条件、单一故障条件下的接触电压和接触电流值不能超过 ES1 限值。

请将试验数据和判定结果记录在如表 4.1.4 所示的本任务工作单内。

表 4.1.4　本任务工作单

试验人：		报告编号：			试验日期：　　年　　月　　日			
样品编号：		环境温度：　　　　　℃；湿度：　　　　　%RH						
检测设备：								
标准中 5.2	ES 分级试验							
额定值	电压：　　　V			频率：　　　Hz			X 电容：　　　F	
电源电压	测试部位	试验条件	接触电压	接触电流	类型	备注		等级

类型：持续工作(SS)；电容(CP)；单脉冲(SP)；重复脉冲(RP)

额外信息：频率；脉冲时间；脉冲截止时间；电容值

ES1 限值=□60 V(直流电源) □30 V(有效值)(f<1 kHz) □42.4 V(峰值)(f<1 kHz) □70 V(峰值) (f>100 kHz)

　　　　□99 V(有效值)(f>100 kHz) □ __V(有效值) (1 kHz≤f≤100 kHz, 30+0.4f)

　　　　□ __V(有效值)(1 kHz≤f≤100 kHz, 42.4+0.5656f)

　　　　□2 mA(直流电源) □ 0.5 mA(有效值) □ 0.707 mA(峰值)

ES2 限值=□120 V(直流电源) □ 50 V(有效值) (f<1 kHz) □ 70.7 V(峰值) (f<1 kHz)

　　　　□140 V(峰值) (f>100 kHz) □ 198 V(有效值)(f>100 kHz)

　　　　□ __V(有效值) (1 kHz≤f≤100 kHz, 50+0.4f)

　　　　□ __V(有效值) (1 kHz≤f≤100 kHz, 70.7+0.5656f) □ 25 mA(直流电源)

　　　　□ 5 mA(有效值) □7.07 mA(峰值)

4.1.3　技能考核

本任务技能考核表如表 4.1.5 所示.

表 4.1.5　本任务技能考核表

技能考核项目	操作内容		规定分值	评分标准	得分
课前准备	阅读标准,回答信息问题,完成 ES 分级试验学习单		15	根据回答信息问题的准确度,分为 15 分、12 分、9 分、6 分、3 分和 0 分几个挡。允许课后补做,分数降低一个挡	
实施及操作	试验准备	准备受试设备	15	受试设备的连接线处理符合要求,正确区分正负极,并记录在 ES 分级试验准备单内得 5 分,否则酌情给分	
		准备连接线		受试设备的连接线处理符合要求,正确区分火线、零线和地线,并记录在 ES 分级试验准备单内得 5 分,否则酌情给分	
		准备试验仪器		已准备好试验仪器以及连接线,并将校准日期记录到 ES 分级试验准备单内得 3 分,否则酌情给分	
		记录试验环境的温度和湿度		将环境温度和湿度正确记录到 ES 分级试验准备单内得 2 分,否则酌情给分	
	搭建试验电路	功率计接线	20	功率计正确接线得 5 分,极性接反扣 5 分,输入输出接反扣 5 分	
		示波器接线		示波器正确接线得 5 分,极性接反扣 5 分	
		接触电流测试仪接线		接触电流测试仪正确接线得 5 分,极性接反扣 5 分	
		检查电路		整体电路连通性检查无误得 5 分,否则酌情扣分	
	试验步骤	给仪器设备供电	30	正确给功率计和电子负载供电得 5 分,电源接错得 0 分	
		设置工作条件		设置交流电源的电压和频率,并记录在本任务工作单内得 5 分,否则酌情给分	
		调整示波器显示波形		正确得到波形、电压得 5 分,错误得 0 分	
		调整接触电流测试仪设置		正确设置接触电流测试仪参数得 5 分,错误得 0 分	
		记录数据		正确记录数据得 2 分	
		更改工作条件并记录数据		正确操作及记录数据得 8 分,否则酌情给分	
	试验结果判定	判定样品是否合格	10	正确判定试验结果得 10 分,否则不得分	
6S 管理	现场管理		10	将设备断电、拆线和归位得 5 分;将桌面垃圾带走、凳子归位得 5 分	
总分					

本任务整体评价表如表 4.1.6 所示。

表 4.1.6　本任务整体评价表

序号	评价项目	评价方式	得分
1	技能考核得分(60%)	教师评价	
2	小组贡献(10%)	小组成员互评	
3	试验报告完成情况(20%)	教师评价	
4	PPT 汇报(10%)	全体学生评价	

4.1.4　课后练一练

1. 单选题

(1) 在 ES 分级试验中，待测设备的电压为(　　)。

A. 额定低压　　　　B. 额定高压　　　　C. 额定低压乘 0.9　　　　D. 额定高压的 1.1 倍

(2) 一个一般人员可接触的输出口为 12 V(直流电源)的设备，ES 分级试验测试输出的正极到负极的电压不超过 (　　)。

A. 60 V　　　　　B. 120 V　　　　　C. 42.4 V　　　　　D. 30 V

(3) 根据标准中的表 5，假如一个电子设备内有一个 200 nF 的 X 电容，那么使用线性内插法计算设备超过(　　)时为 ES2 的电压值。

A. 120 V　　　　B. 150 V　　　　C. 144 V　　　　D. 143 V

2. 判断题

(1) 单一故障条件下使用的接触电流测试电路为标准 IEC 60990：2016 中图 5 规定的测量电路。(　　)

(2) 设备的输出口测试出来的电压超过 ES2 限值，就定义此输出口为 ES2 等级。(　　)

(3) 异常工作条件下的 ES 分级试验不包含堵封口条件。(　　)

(4) 单一故障条件下，测试设备的输出口 ES 等级不能超过 ES2 限值。(　　)

3. 简答题

(1) 请写出 ES 分级试验的步骤。

(2) 请列出 ES 分级试验中，受过培训的人员的判定要求。

(3) 请将本试验过程整理成试验报告，在一周内提交。

(4) 请完成该任务的 PPT，准备汇报。

任务 4.2　模拟异常工作条件和单一故障条件试验

情景引入

生活中，我们使用电子产品时，有可能会遇到一些意外的状况，例如散热口被东西盖住了，或者正在工作的风扇被东西堵住了。如果发生了这样的情况，电子产品会持续发热导致着火吗？在标准中，有哪些规定是为了避免此类危险发生呢？

本任务是完成模拟异常工作条件和单一故障条件试验，请你学习标准中相关知识并完成试验，之后接受任务考核。

> ### 思政元素

通过探讨散热口被遮挡等电子产品的异常使用情况，强调在产品设计和使用中考虑潜在的风险以及采取预防措施的重要性，教育学生了解和遵守安规标准中关于预防此类风险的规定，如 GB 4943.1—2022 中的相关内容(风险意识和预防意识)。

学习目标及学习指导

本任务学习目标及学习指导如表 4.2.1 所示。

表 4.2.1　本任务学习目标及学习指导

任务名称	模拟异常工作条件和单一故障条件试验	预计完成时间：4 学时
知识目标	◇ 了解 GB 4943.1—2022 中的 B.3 模拟的异常工作条件和 B.4 模拟的单一故障条件部分 ◇ 理解模拟的异常工作条件、单一故障条件 ◇ 理解模拟异常工作条件和单一故障条件试验的原理 ◇ 熟悉模拟异常工作条件和单一故障条件试验的步骤 ◇ 掌握模拟异常工作条件和单一故障条件试验结果的判定标准	
技能目标	◇ 掌握如何选择异常工作条件和单一故障条件 ◇ 会搭建试验电路 ◇ 能按步骤规范完成模拟异常工作条件和单一故障条件试验 ◇ 能正确记录试验数据 ◇ 能正确判定试验结果	
素养目标	◇ 自主阅读标准中的 B.3 和 B.4 ◇ 安全地按照操作规程进行试验 ◇ 自觉保持实验室卫生、环境安全(6S 要求) ◇ 培养团队成员研讨、分工与合作的能力	

学习指导	✧ 课前学：熟悉标准中的 B.3 和 B.4，完成模拟异常工作条件和单一故障条件试验学习单
	✧ 课中做：通过观看视频和教师演示，按照步骤，安全、规范地完成试验，并完成模拟异常工作条件和单一故障条件试验准备单和工作单
	✧ 课中考：完成本任务技能考核表
	✧ 课后练：完成试验报告、课后习题和 PPT 汇报

4.2.1 相关标准及术语

为了完成本任务，请先阅读 GB 4943.1—2022 中的 B.3 模拟的异常工作条件和 B.4 模拟的单一故障条件部分，并完成如表 4.2.2 所示的本任务学习单(课前完成)。

表 4.2.2 本任务学习单

任务名称	模拟异常工作条件和单一故障条件试验
学习过程	回答问题
信息问题	(1) 本试验考量的是样品哪部分电参量？
	(2) 被测样品工作在什么条件下进行试验(正常/异常工作条件)？
	(3) 如何确定被测样品的异常工作条件和单一故障条件？
	(4) 能否同时进行模拟异常工作条件和单一故障条件试验？
	(5) 读数时要注意什么？如果试验现象出现循环，该如何读数？
	(6) 如何判定试验结果是否合格？

1. 相关标准

以下是模拟异常工作条件和单一故障条件试验的相关标准(摘录)。

B.3 模拟的异常工作条件

B.3.1 基本要求

在施加模拟的异常工作条件时，如果零部件、供给物料和存储介质对试验结果可能有影响，应将它们放置到位。

每一个异常工作条件应依次施加，一次施加一个。

由异常工作条件直接引发的各种故障认为是单一故障条件。

应检查设备、安装、说明书和技术规范，以便确定合理的预期会发生的那些异常工作条件。

　　除 B.3.2～B.3.7 规定的异常工作条件外，还应按适用的情况，考虑下列最低限度异常工作条件的示例：

　　——对纸处理设备：使其卡纸；
　　——对具有一般人员可触及的控制键的设备：对各控制键单独地和共同地进行调节，以便形成最坏的工作条件；
　　——对具有一般人员可触及的控制键的音频放大器：对各控制键单独地和共同地进行调节，以便形成最坏的工作条件，但不施加附录 E 规定的条件；
　　——对具有一般人员可触及的运动零部件的设备：将运动零部件卡死；
　　——对具有存储介质的设备：使用不正确的介质、尺寸不正确的介质和质量不正确的介质；
　　——对具有可添加的液体或液体筒，或具有可补给物质的设备：使液体或物质溢入设备内；和
　　——对使用 5.4.12.1 所述的绝缘液体的设备：使液体流失。

　　在引入上述任何异常工作条件前，设备应处在正常工作条件下工作。

B.3.2　覆盖通风孔

　　对设备的顶面、侧面和背面，如果这样的表面具有通风孔，则应用最小密度为 $200\ g/m^2$，尺寸不小于每一个受试表面的纸板(厚的硬纸或薄纸板)，一次覆盖一面，盖住所有的开孔。

　　对设备顶面上不在同一表面的开孔(如果有)，要单独用几块纸板同时将其覆盖。

　　对设备顶面上，相对于水平面倾斜大于 30° 和小于 60°，遮盖物会从其上面自由滑落的表面的开孔不用考虑。

　　对设备背面和侧面，纸板要挂在上边缘上，并允许自由下悬。

　　除以下规定外，不要求覆盖设备底部的开孔。

　　另外，对于可能在柔软支撑物上使用(例如：寝具，毯子等)带有通风孔的设备，应符合如下之一的要求：

　　——同时覆盖设备底部、侧面和背面的开孔。外表面的温度不得超过表 38 中对 TS2 的限值；
　　——应按照 F.5 提供指示性安全防护，要素 3 是可选。

　　指示性安全防护的要素应如下：

　　• 要素 1a：不适用；
　　• 要素 2："不要覆盖通风孔"或类似文字；
　　• 要素 3：可选；
　　• 要素 4："本设备预定不用在柔软支撑物(例如寝具，毯子等)上"或类似文字。

B.3.3　直流电网电源的极性试验

　　如果与直流电网电源的连接件是无极性的连接件，而且该连接件又是一般人员可触及的，则在对设计成直流供电的设备进行试验时，应对极性可能造成的影响予以考虑。

B.3.4　电压选择器的调节

　　由电网电源供电的而且具有要由一般人员或受过培训的人员设定的电压调节装置的设备，要将电网电源电压调节装置设定在最不利的位置进行试验。

B.3.5 输出端子的最大负载

向其他设备供电的设备的输出端子，除直接与电网电源连接的输出插座和器具输出插座外，要接上最不利的负载阻抗，包括短路。

B.3.6 电池极性反转

如果对一般人员而言，有可能反转极性装入可更换电池，则要在反转一个电池或多个电池极性的各种可能的配置对设备进行试验(按附录 M) 。

B.3.7 音频放大器异常工作条件

音频放大器的异常工作条件在 E.3 中做出规定。

B.3.8 异常工作条件试验期间和试验后的合格判据

在不导致单一故障条件的异常工作条件试验期间，所有安全防护应保持有效。在恢复正常工作条件后，所有安全防护应符合适用的要求。

如果异常工作条件导致单一故障条件，则采用 B.4.8 的规定。

B.4 模拟的单一故障条件

B.4.1 基本要求

在施加模拟的单一故障条件时，如果零部件、供给物料和存储介质对试验结果可能有影响，应将它们放置到位。

引入故障条件时应依次施加，一次施加一个。由单一故障条件直接引发的各种故障认为是该单一故障条件的一部分。

要检查设备结构、电路图和元器件规格，包括功能绝缘，以便确定合理可预见的以及可能导致以下结果的那些单一故障条件：

——可能旁路安全防护，或

——导致附加安全防护动作，或

——以别的方式影响设备的安全。

应对下列的单一故障条件予以考虑：

——导致出现单一故障条件的异常工作条件，例如，一般人员造成外部输出端子过载，或一般人员对选择开关调节不正确；

——基本安全防护失效或附加安全防护失效；

——除了符合 G.9 的 IC 限流器外，将元器件的任何两根引线短路和将元器件的任何一根引线开路，模拟元器件失效；和

——当 B.4.4 有要求时，使功能绝缘失效。

B.4.2 温度控制装置

在进行温度测量时，除符合 G.3.1~G.3.4 的温度控制安全防护外，应将控制温度的电路中的任何单个装置或单个元器件开路或短路，取其中较为不利者。

温度应按 B.1.5 进行测量。

B.4.3 电动机试验

B.4.3.1 电动机堵转试验

如果采取这种做法能明显导致设备的内部温度增加，则将电动机堵转或在最终产品中将电动机转子堵转(例如，将风扇电动机的转子堵转，以便停止通风)。

B.4.3.2 合格判据

通过检验和检查所提供的数据，或通过 G.5.4 规定的试验来检验是否合格。

B.4.4 功能绝缘

B.4.4.1 功能绝缘的电气间隙

除非功能绝缘的电气间隙符合以下要求：

——5.4.2 规定的对基本绝缘的电气间隙，或

——对于在污染等级 1 和污染等级 2 环境中使用的 ES1 和 PS1 电路，GB/T 16935.1—
2018 中表 F.4 规定的对印制板的基本绝缘的电气间隙；或

——5.4.9.1 对基本绝缘的抗电强度试验，

否则应短路功能绝缘的电气间隙。

B.4.4.2 功能绝缘的爬电距离

除非功能绝缘的爬电距离符合以下要求：

——5.4.3 规定的对基本绝缘的爬电距离，或

——对于在污染等级 1 和污染等级 2 环境中使用的 ES1 和 PS1 电路，GB/T 16935.1—
2018 中表 F.4 规定的对印制板的基本绝缘的电气间隙；或

——5.4.9.1 对基本绝缘的抗电强度试验，

否则应短路功能绝缘的爬电距离。

B.4.4.3 涂覆印制板上的功能绝缘

除非功能绝缘符合以下要求：

——表 G.13 的间隔距离，或

——5.4.9.1 对基本绝缘的抗电强度试验，

否则应短路涂覆印制板上的功能绝缘。

B.4.5 短路和断开电子管和半导体的各极

应将电子管的各极和半导体器件的各引线短路，或如果适用，断开。一次断开一条引
线，或依次将任意两条引线连接在一起。

B.4.6 短路或断开无源元器件

应将电阻器、电容器、绕组、扬声器、VDR 和其他无源元器件短路或断开，取其中较
为不利者。

这些单一故障条件不适用于：

——符合 IEC 60730-1：2013 第 15 章、第 17 章、J.15 和 J.17 的 PTC 热敏电阻器；

——提供 IEC 60730-1：2013 的 2.AL.型动作的 PTC；

——符合 5.5.6 的电阻器；

——符合 GB/T 6346.14 和按本文件 5.5.2 评定的电容器；

——符合附录 G 对相关元器件加强绝缘要求的隔离元器件(例如光电耦合器和变压器)；和

——符合附录 G 相关要求或符合相关元器件国家标准、行业标准或 IEC 标准的安全要
求、用作安全防护的其他元器件。

B.4.7 元器件连续工作

如果预定短时或间歇工作的电动机、继电器线圈或类似元器件在设备工作期间会发生
持续工作，则要使其持续工作。

对规定短时工作或间歇工作的设备，试验要一直重复直到达到稳定状态，不考虑工作时间。对本试验而言，恒温器、限温器和热断路器不要短路。

在不直接和电网电源连接的电路中，以及在由直流配电系统供电的电路中，对正常情况下间歇通电的机电元器件，除电动机外，应在其供电电路中模拟一个能导致该元器件持续通电的故障。

试验持续时间应按下列规定：

——对其故障工作不能使一般人员明显觉察的设备或元器件，持续到能建立稳定状态所需的时间，或直到模拟的故障条件引发其他结果导致电路中断，取其时间较短者；和

——对其他元器件和设备：5min，或者直到元器件损坏(例如，烧坏)或模拟的故障条件引发其他结果导致电路中断，取其时间较短者。

B.4.8　单一故障条件试验期间和试验后的合格判据

在单一故障条件试验期间和试验后，可触及零部件不得超过 5.3、8.3、9.4、10.3、10.4.1、10.5.1 和 10.6.5 根据危险规定的对相关人员的相应的能量等级。在单一故障条件试验期间和试验后，设备内的任何火焰应在 10 s 内熄灭并且周围的部件不得被引燃。任何有火焰的部件应认为是 PIS。

在施加了可能影响用作安全防护的绝缘单一故障条件后，绝缘应承受 5.4.9.1 对相关绝缘的抗电强度试验。

在单一故障条件试验期间和试验后，印制板上导体的断开不得用来作为安全防护，但以下情况除外，在这种情况下，故障条件应重复 3 次。

——只要开路电路不是电弧性 PIS，则 V-1 级材料或 VTM-1 级材料的印制板上的导体在过载条件下可以断开。没有材料可燃性等级或可燃性等级低于 V-1 级材料的印制板上的导体不得断开。

——在单一故障情况下，印制板上导体的剥离不得导致任何附加安全防护或加强安全防护失效。

B.4.9　单一故障条件下的电池充放电

在单一故障条件下，电池充放电条件应按适用的情况符合附录 M 的要求。

2. 相关术语

(1) 异常工作条件(abnormal operating condition)：参考本书 4.1.1 节相关内容。

(2) 单一故障条件(single fault condition)：参考本书 4.1.1 节相关内容。

3. 标准解读

1) 试验目的

检测电子产品及其元器件在异常情况和错误使用情况下的安全防护情况和温度变化情况，以确保电子产品及其元器件符合标准的要求。

2) 试验参数

根据标准，模拟电子产品的异常工作条件和单一故障条件，记录产品试验后的安全防护情况以及温度变化情况。

3) 试验条件

异常工作条件和单一故障条件为标准中 B.3 和 B.4 规定的内容。下面我们举例来说明如何设置模拟异常工作条件和单一故障条件试验的条件。

例 4.2.1　如果需要进行图 4.2.1 所示电源适配器的模拟异常工作条件和单一故障条件试验，应如何设置试验条件？

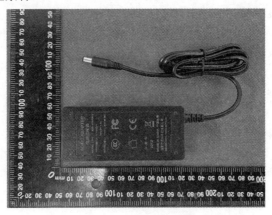

图 4.2.1　电源适配器

分析：

(1) 考虑异常工作条件情况：该产品是否符合标准中 B.3.2～B.3.7 提到的情况，即覆盖通风孔、直流电网电源的极性试验、电压选择器的调节、输出端子的最大负载、电池极性反转、音频放大器异常工作条件等异常操作情况。除标准中 B.3.2～B.3.7 提到的情况之外，还需考虑标准中 B.3.1 提到的其他适用情况。

(2) 考虑单一故障条件情况：该产品是否符合标准中 B.4.2～B.4.7 提到的情况，即温度控制装置、电动机试验、功能绝缘、短路和断开电子管和半导体的各极、短路或断开无源元器件、元器件连续工作等单一故障操作情况。

经过以上分析，根据标准，异常工作条件情况下应考虑该产品的输出端子的最大负载条件，单一故障条件情况下应考虑该产品的功能绝缘、短路和断开电子管和半导体的各极、短路或断开无源元器件条件。

4) 负载要求

根据标准，模拟异常工作条件和单一故障条件试验需要先在正常工作条件下工作，再引入上述任何异常或单一故障条件。

5) 读数要求

观察样品的状态，观察是否有元器件损坏，记录当前功率计显示的电压、电流和功率 (短路试验后)。记录完成后，对样品进行一次抗电强度试验。若短路后样品的输入电流变大，则需要对这个样品进行温升试验。

6) 结果判定

(1) 在不导致单一故障条件的异常工作条件试验期间，所有安全防护应保持有效。在恢复正常工作条件后，所有安全防护应符合适用的要求。如果异常工作条件导致单一故障条件，则采用标准中 B.4.8 的规定。

(2) 在单一故障条件试验期间和试验后，可触及零部件不得超过标准中 5.3、8.3、9.4、10.3、10.4.1、10.5.1 和 10.6.5 根据危险规定的对相关人员的相应的能量等级。在单一故障条件试验期间和试验后，设备内的任何火焰应在 10 s 内熄灭并且周围的部件不得被引燃。任何有火焰的部件应认为是潜在引燃源(PIS)。

(3) 在施加了可能影响用作安全防护的绝缘单一故障条件后，绝缘应承受标准中 5.4.9.1 对相关绝缘的抗电强度试验。

(4) 在单一故障条件试验期间和试验后，印制板上导体的断开不得用来作为安全防护，但以下情况除外，在这种情况下，故障条件应重复 3 次。

——只要开路电路不是电弧性 PIS，则 V-1 级材料或 VTM-1 级材料的印制板上的导体在过载条件下可以断开。没有材料可燃性等级或可燃性等级低于 V-1 级材料的印制板上的导体不得断开。

——在单一故障情况下，印制板上导体的剥离不得导致任何附加安全防护或加强安全防护失效。

4.2.2　试验实施

1. 试验准备

本任务准备单如表 4.2.3 所示。

模拟异常工作
条件和单一故
障条件试验

表 4.2.3　本任务准备单

任务名称	模拟异常工作条件和单一故障条件试验	
准备清单	准备内容	完成情况
受试设备	受试设备完整、无拆机	是(　) 否(　)
	受试设备的连接头剥线已处理好	是(　) 否(　)
	记录受试设备的输入电压、频率和电流，以及输出电压、电流和功率	输入电压：_____V; 输入频率：_____Hz; 输入电流：_____A
		输出电压：_____V; 输出电流：_____A; 输出功率：_____W
	将受试设备的试验工作条件(输入电压、频率、电流)记录到本任务工作单内	已记录(　) 未记录(　)
连接线	连接线 1 的一端已做好剥线处理	是(　) 否(　)
	测试并记录连接线 1 的 L 极、N 极和接地端	棕色：__极；蓝色：__极； 黄绿色：_____极
	连接线 2 的一端已做好剥线处理	是(　) 否(　)
	测试并记录连接线 2 的 L 极、N 极和接地端	棕色：__极；灰色：___极； 黑色：_____极
	连接线 3 是否连接好并断开	是(　) 否(　)

续表

任务名称	模拟异常工作条件和单一故障条件试验	
准备清单	准备内容	完成情况
试验仪器	准备好电压源以及仪器的电源线	是( ) 否( )
	准备好功率计以及仪器的电源线	是( ) 否( )
	准备好电子负载以及仪器的电源线	是( ) 否( )
	准备好温升线以及温升记录仪的电源线	是( ) 否( )
	确认功率计的校准日期是否在有效期内	是( ) 否( )
	确认电子负载的校准日期是否在有效期内	是( ) 否( )
试验环境	记录当前试验环境的温度和湿度	温度: _____ ℃; 湿度: _____ %RH

1) 受试设备

受试设备的处理：本任务的受试设备为电源适配器，电源适配器面板如图 4.2.2 所示。在试验开始之前，我们需要对受试设备的正负极连线进行处理，处理方法参考 2.2.2 节相关内容。处理好后拆开受试设备的外壳。

图 4.2.2 电源适配器面板

受试设备数据的记录：根据标签确认电源适配器的额定输入电压、电流、频率以及额定输出电压、电流和功率，确认正常状态下的试验条件。

(1) 异常工作条件情况下应考虑该产品的输出端子的最大负载条件，记录每次拉载时的拉载电流、样品电压、样品电流和温度。

(2) 单一故障条件情况下应考虑该产品的功能绝缘、短路和断开电子管和半导体的各极、短路或断开无源元器件条件，记录每次短路或开路时样品的状态、样品电压、样品电流。

2) 连接线/治具

模拟异常工作条件和单一故障条件试验需要给受试设备焊接一个短路开关，如图 4.2.3 所示。具体方法：找到故障点位，将短路开关的两端分别用电烙铁连接至需要测试的元器件正负极。

本任务中需要的连接线 1(交流电源与功率计的连接线)和连接线 2(功率计与受试设备的连接线)的准备参考输入试验。

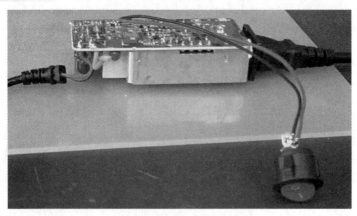

图 4.2.3　焊接短路开关

3) 试验仪器

本任务需要的试验仪器包括交流电源、功率计和电子负载(包含仪器的电源线)。

4) 试验环境

模拟异常工作条件和单一故障条件试验无特殊环境要求,但是一般情况下,为了使试验数据更加通用,测试机构要求全部试验在温度 23 ℃±5 ℃、相对湿度 75%以下进行(UL要求)。

2. 搭建试验电路

模拟异常工作条件和单一故障条件试验电路主要由交流电源、功率计、受试设备以及电子负载几部分组成。其中,交流电源的输出端接功率计的输入端,功率计的输出端接受试设备的输入端,受试设备的输出端接电子负载。单一故障条件试验测试点位参考图 4.2.4中标注的部位。

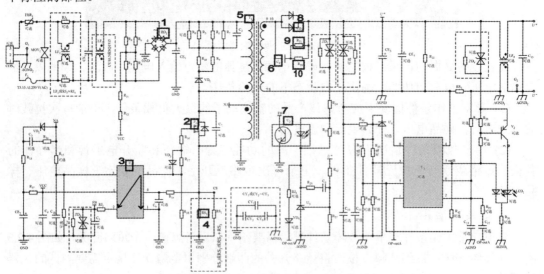

图 4.2.4　单一故障条件试验测试点位电路图

1) 功率计、受试设备和电子负载的接线

参考输入试验。

2) 检查电路

将交流电源、功率计、受试设备、电子负载之间的连线全部连接好，并检查电路。

【注意事项】

在模拟异常工作条件和单一故障条件试验电路中，以下部位是超过人体安全电压的：

(1) 交流电源的输出部位；

(2) 功率计的被测输入和被测负载部位；

(3) 电子负载和连接线的连接部位。

因此，在进行模拟异常工作条件和单一故障条件试验时，要做好自身的安全防护，人体不得接触上述任何部位，操作时应该戴好绝缘手套。此外，可以用由亚克力板制作的防护罩将待测样品盖住，防止样品爆炸等情况对人体造成损伤。

3. 试验步骤

1) 模拟异常工作条件——输出端子过载试验

(1) 给仪器设备供电：把功率计、电子负载的电源接到市电(220 V、50 Hz 的交流电)，打开仪器的开关。功率计的界面设置参考图 2.2.9(a)。

(2) 设置电子负载：把样品输出端连接到电子负载，电子负载设置为定电流模式。电子负载电流设置为受试设备输出电流的额定值(本任务中，受试设备的额定电流为 5 A)。

(3) 记录数据：记录此时功率计上电压、电流、频率及功率的读数，并填写到本任务工作单内。

(4) 设置工作条件并记录数据：开始拉载，即不断增大输出电流，直到产品启动过载保护(关闭)，记录此时的最大输出电流。

(5) 进行抗电强度试验：测试完成后进行一次抗电强度试验，并根据抗电强度试验的结果判断待测样品是否合格，同时记录被测样品状态。

2) 模拟异常工作条件——变压器输出过载试验

(1) 试验样品的预处理：根据如图 4.2.4 所示的电路图，找到需要测试的点位(变压器 T1 的引脚 7 和 9)。由于变压器输出的波形并非规则的直流电压，不适合用直流电子负载测量(电压不稳定)，因此可以用整流后的器件 CE_3 的正、负极电压来代替。我们要利用电烙铁和线材将该元器件(CE_3)的正、负极焊接出来。

(2) 给仪器设备供电：把功率计、电子负载的电源接到市电(220 V、50 Hz 的交流电)，打开仪器的开关。

(3) 设置电子负载：把样品输出端连接到电子负载 1，电子负载 1 设置为定电流模式。电子负载 1 电流设置为受试设备输出电流的额定值(本任务中，受试设备的额定电流为 5 A)。将焊接出来的线(CE_3 的正、负极)接到电子负载 2 上，为接下来的拉载试验做准备。

(4) 记录数据：记录此时功率计上电压、电流、频率及功率的读数，并填写到本任务工作单内。

(5) 设置工作条件并记录数据：开始拉载，调节电子负载 2 的电流，即不断增大输出电流，直到产品启动过载保护(关闭)，记录此时的最大输出电流。这里需要记录两个值，一个是功率计上的电流，另一个是电子负载 2 上的电流。

3) 模拟单一故障条件——元器件短路试验

(1) 短路点位的预处理：找到测试点位，通过电烙铁将短路开关连接至元器件两端，做好防护措施。

(2) 给仪器设备供电：把功率计、电子负载的电源接到市电(220 V、50 Hz 的交流电)，打开仪器的开关。

(3) 设置电子负载：把样品输出端连接到电子负载，电子负载设置为定电流模式。电子负载电流设置为受试设备输出电流的最大值(产品标签上的输出电流值)。

(4) 进行短路试验：待样品进入正常工作状态后，打开短路开关，使待测元器件短路，观察待测样品状态，记录待测样品的电压和电流。

(5) 进行抗电强度试验：试验完成后进行一次抗电强度试验，并记录被测样品状态。

4. 试验结果判定

(1) 按照本任务工作单，记录元器件位号、工作条件、供电电压、试验时间、熔断器位号、熔断器电流及备注等。

(2) 在输出过载试验中，熔断器电流需要记录正常工作状态下的电流和每一次拉载后的电流，备注要记录样品试验后的状态、拉载电流、试验现象和试验温度。

(3) 若样品通过抗电强度试验，且所有安全防护仍保持有效(能通过可触及性试验，没有着火现象发生)，则判定为合格。

请将试验数据和判定结果记录在如表 4.2.4 所示的本任务工作单内。

表 4.2.4　本任务工作单

试验人：	报告编号：		试验日期：　　年　　月　　日			
样品编号：	环境温度：＿＿＿＿℃；湿度：＿＿＿＿＿%RH					
检测设备：						
标准中附录 B.3 和 B.4	模拟异常工作条件和单一故障条件试验					
受试设备供电电源：制造商、型号、输出额定值						
元器件位号	工作条件	供电电压/V	试验时间/ms	熔断器位号	熔断器电流(功率计测量的电流)/A	备注(状态、电子负载的最大拉载电流值、现象和温度)
附加信息： FI—最终输入电流；IP—内部保护装置动作；CD—元器件故障；NCD—无元器件故障； CT—达到恒定温度；NB—无绝缘击穿；YB—绝缘击穿；NC—纱布完好无损；YC—纱布烧焦或着火； NT—薄纸完好无损；YT—薄纸烧焦或着火						

4.2.3　技能考核

本任务技能考核表如表 4.2.5 所示。

表 4.2.5　本任务技能考核表

技能考核项目	操作内容		规定分值	评分标准	得分
课前准备	阅读标准，回答信息问题，完成模拟异常工作条件和单一故障条件试验学习单		15	根据回答信息问题的准确度，分为 15 分、12 分、9 分、6 分、3 分和 0 分几个挡。允许课后补做，分数降低一个挡	
实施及操作	试验准备	准备受试设备	15	受试设备的连接线处理符合要求，正确区分正负极，并记录在本任务准备单内得 5 分，否则酌情给分	
		准备连接线		受试设备的连接线处理符合要求，正确区分火线、零线和地线，并记录在本任务准备单内得 5 分，否则酌情给分	
		准备试验仪器		已准备好试验仪器以及连接线，并将校准日期记录到本任务准备单内得 3 分，否则酌情给分	
		记录试验环境的温度和湿度		将环境温度和湿度正确记录到本任务准备单内得 2 分，否则酌情给分	
	搭建试验电路	功率计接线	20	功率计正确接线得 10 分，极性接反扣 5 分，输入输出接反扣 5 分	
		电子负载接线		电子负载正确接线得 5 分，极性接反扣 5 分	
		检查电路		整体电路连通性检查无误得 5 分，否则酌情给分	
	试验步骤	给仪器设备供电	30	正确给功率计和电子负载供电得 10 分，电源接错得 0 分	
		设置电子负载		正确设置电子负载的大小得 5 分，设置错误得 0 分	
		记录数据		正确记录数据得 10 分	
		设置工作条件并记录数据		设置交流电源的电压和频率，并记录在本任务工作单内得 5 分，否则酌情给分	
	试验结果判定	判定样品是否合格	10	正确判定试验结果得 10 分，否则不给分	
6S 管理	现场管理		10	将设备断电、拆线和归位得 5 分；将桌面垃圾带走、凳子归位得 5 分	
总分					

本任务整体评价表如表 4.2.6 所示。

表 4.2.6　本任务整体评价表

序号	评价项目	评价方式	得分
1	技能考核得分(60%)	教师评价	
2	小组贡献(10%)	小组成员互评	
3	试验报告完成情况(20%)	教师评价	
4	PPT 汇报(10%)	全体学生评价	

4.2.4　课后练一练

(1) 对于一个普通交换机,需要做哪些模拟异常工作条件和单一故障条件试验?

(2) 请回答以下问题:

① 请列出模拟异常工作条件和单一故障条件试验结果判定合格的标准。

② 若短路试验后电流比正常工作状态下的大,还需要补充其他试验吗?

(3) 请解释以下术语:

① 异常工作条件;

② 单一故障条件。

(4) 请写出模拟异常工作条件和单一故障条件试验的步骤。

(5) 请将本试验过程整理成试验报告,在一周内提交。

(6) 请完成该任务的 PPT,准备汇报。

任务 4.3　工作电压测试试验

情景引入

在开始本任务前,张工召集大家过来,严肃地说:"从本任务开始,我们进行的试验危险性提高了,因为有些试验需要进行拆机测试,有些试验需要加高于人体安全电压很多倍的电压。在试验的时候，要戴好绝缘手套，经指导老师确认后再通电，要把自身安全放在首要的位置。"

本任务是完成工作电压测试试验，请你学习标准中相关知识并完成试验，之后接受任务考核。

┌─────────────┐
│ **思政元素** │
└─────────────┘

通过张工对试验危险性的说明和安全措施的强调，强化学生在进行电气试验时必须遵守的安全规范和操作程序，教育学生认识到安全操作的重要性及其在预防事故中的作用(安全第一的原则)。

讨论在进行高电压试验时，每个人都必须承担起个人安全的责任，比如正确佩戴绝缘手套、经指导老师确认后再通电等，强化学生的个人安全责任感和自我保护意识(个人安全责任感和自我保护意识)。

 学习目标及学习指导

本任务学习目标及学习指导如表 4.3.1 所示。

表 4.3.1 本任务学习目标及学习指导

任务名称	工作电压测试试验	预计完成时间：2 学时
知识目标	✧ 了解 GB 4943.1—2022 中的 5.4.1.8 工作电压的确定部分 ✧ 熟悉工作电压与额定电压的差异 ✧ 掌握工作电压测试的方法	
技能目标	✧ 能按步骤规范完成电源适配器工作电压的测量 ✧ 能正确记录工作电压的数据	
素养目标	✧ 自主阅读标准中的 5.4.1.8 ✧ 安全地按照操作规程进行试验 ✧ 自觉保持实验室卫生、环境安全（6S 要求） ✧ 培养团队成员研讨、分工与合作的能力	
学习指导	✧ 课前学：熟悉标准中的 5.4.1.8，完成工作电压测试试验学习单 ✧ 课中做：通过观看视频和教师演示，按照步骤，安全、规范地完成试验，并完成工作电压测试试验准备单和工作单 ✧ 课中考：完成本任务技能考核表 ✧ 课后练：完成试验报告、课后习题和 PPT 汇报	

4.3.1　相关标准及术语

为了完成本任务，请先阅读 GB 4943.1—2022 中的 5.4.1.8 工作电压的确定部分，并完成如表 4.3.2 所示的本任务学习单(课前完成)。

表 4.3.2　本任务学习单

任务名称	工作电压测试试验
学习过程	回答问题
信息问题	(1) 在测试工作电压时，什么情况下需要假定接地？ (2) 在测试工作电压时，输入电压应该如何确定？需要考虑电源容差吗？ (3) 在确定工作电压时，需要考虑额定电压值吗？ (4) 在确定有效值工作电压时，需要考虑短时情况和非重复性瞬态值吗？

1. 相关标准

以下是工作电压测试试验的相关标准(摘录)。

5.4.1.8　工作电压的确定

5.4.1.8.1　基本要求

在确定工作电压时，下列所有要求均适用。

a) 未接地的可触及导电零部件假定其是接地的。

b) 如果变压器的绕组或其他零部件不与建立了对地电位的电路相连，则假定该变压器的绕组或其他零部件是在某一点接地，由于这一点接地而获得最高工作电压。

c) 除非 5.4.1.6 有规定，对变压器两个绕组之间的绝缘，在考虑到输入绕组将连接的电压后，该两个绕组的任意两点之间的最高电压就是工作电压。

d) 除非 5.4.1.6 有规定，对变压器绕组和另一个零部件之间的绝缘，该绕组任意一点和该零部件之间的最高电压就是工作电压。

e) 如果使用双重绝缘，要假定附加绝缘为短路来确定基本绝缘的工作电压，反之亦然。对变压器绕组之间的双重绝缘，应假定有这样一点发生短路，由于这一点短路而在其他绝缘上产生最高工作电压。

f) 通过测量确定工作电压时，给设备供电的输入电压应为额定电压，或额定电压范围内能产生最高测量值的电压。

g) 由电网电源供电的电路中的任意一点和以下部位之间的工作电压：

——与地连接的任意一个零部件，和

——与电网电源隔离的电路中的任意一点。

应取下列电压的较大者：

—— 额定电压或额定电压范围的上限电压，和

—— 测得的电压。

h) 在确定 ES1 或 ES2 外部电路的工作电压时，应对其正常运行电压予以考虑。如果其正常运行电压是未知的，则工作电压应按适用的情况，认为是 ES1 或 ES2 的上限值。就确定工作电压而言，不考虑短时信号(例如，电话振铃)。

i) 对产生启动脉冲的电路(例如，放电灯，见 5.4.1.7)，工作电压是灯已连接但未点燃时的脉冲峰值电压。用来确定最小电气间隙的工作电压的频率应认为低于 30 kHz。用来确定最小爬电距离的工作电压是灯点燃后测得的电压。

5.4.1.8.2 有效值工作电压

在确定有效值工作电压时，不考虑短时情况(例如，外部电路的电话韵律振铃信号)和非重复性瞬态值(例如，由大气干扰引起的)。

注：爬电距离是根据有效值工作电压来确定的。

2. 相关术语

(1) 电气间隙(clearance)：两导电部件之间在空气中的最短距离。

(2) 爬电距离(creepage distance)：两导电部件之间沿绝缘材料表面的最短距离。

(3) 工作电压(working voltage)：在正常工作条件下，以额定电压或额定电压范围内的任何电压对设备供电时，任何特定绝缘上的电压。

绝缘、工作条件和故障条件

注 1：不考虑外部瞬态电压。

注 2：不考虑重复性峰值电压。

(4) 有效值工作电压(r.m.s working voltage)：工作电压的真实有效值。

注 1：工作电压的真实有效值包括波形中的任何直流分量。

注 2：下式给出了具有交流有效值电压 A 和直流分量电压 B 的波形的合成有效值。

$$有效值=(A^2+B^2)^{1/2}$$

关于工作电压的解释说明：

(1) 正常工作条件：只有设备在正常使用条件的范围内，各种最不利组合条件下产生的最高电压才是定义所述的工作电压。

(2) 任何特定绝缘上的电压：工作电压与电路组成情况以及设备的工作状态相关。由于设备中存在诸多的绝缘材料和元器件，因而需要测试多个工作电压。

(3) 某个绝缘或元器件上可能测得多个电压，工作电压取其中最大的电压值。

工作电压与额定电压不同，工作电压是在各种最不利的条件下测得的最高电压，额定电压就是设备正常工作时的电压。额定电压下设备中的元器件都工作在最佳状态，只有工作在最佳状态时，设备的性能才比较稳定，这样设备的寿命才得以延长。额定电压由厂商定义，是一个固定值或固定范围。因此，在安规测试中工作电压不能等同于额定电压/电源电压。

此外，不是任何绝缘或元器件都有必要测量工作电压，那些"所考虑的"绝缘或元器件才必须测量工作电压。"所考虑的"绝缘就是指那些必须采用电气间隙、爬电距离、绝缘穿透距离、抗电强度试验进行考核的绝缘。这类绝缘原则上是指相应地跨接在基本绝缘、附加绝缘和加强绝缘(也包括某些特定场合的功能绝缘)等绝缘上的元器件，不仅自身要具有与绝缘相适应的绝缘等级，还必须处于合理应用状态。

3. 标准解读

1) 试验目的

工作电压是测试电气间隙、爬电距离和抗电强度的依据。在测量工作电压时，需要同时测量峰值工作电压 V_{peak} 与有效值工作电压 V_{rms}。

(1) V_{peak} 用来确定产品抗电强度测试所施加的电压大小以及电气间隙的最小值；

(2) V_{rms} 用来确定产品爬电距离的最小值。

2) 工作电压的测试要求

在确定工作电压时，需要考虑 5.4.1.8.1 中 a～g 的要求。

(1) 对于要求 a 和 b。

① 绕组：构成与变压器标注的某一电压值相对应的电气线路的一组线匝。

② 浮地：不与相对于地有确定电位的电路连接。浮地，即该电路的地与大地无导体连接。

③ 假定接地：常规做法是用导线将初级零线与次级负极/浮地相连，提供一个基准电位点。一般地，如果是 I 类设备，次级地和初级地是相连的，不需要做处理。如果是 II 类设备，一次和二次电路中间有隔离，需要将二次侧的低电位点与初级的 N 极用导线连接，如图 4.3.1 所示。

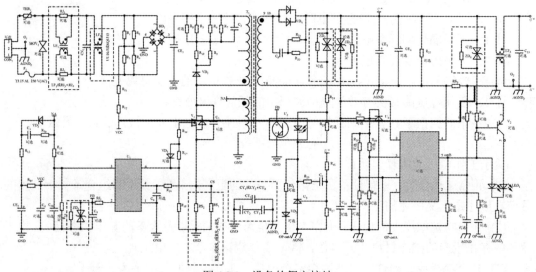

图 4.3.1　设备的假定接地

(2) 对于要求 c 和 d。

考虑变压器的绝缘时，工作电压指的是初级、次级绕组之间的任意组合的最高电压。考虑变压器和另一个零部件之间的绝缘时，工作电压指的是变压器的初级/次级绕组与零部件之间的任意组合的最高电压。

一般情况下，最常规评估的元件是变压器、Y 电容、光耦。

(3) 对于要求 e。

绝缘的工作电压如何确定，需要综合考虑绝缘需满足的绝缘等级、绝缘所处的场合、绝缘是否属于双重绝缘的组成部分等因素。

(4) 对于要求 f。

在测试时应考虑 EUT 的供电条件，注意这里的供电条件不需要考虑电源容差。

(5) 对于要求 g。

在测试后确定最大值时，要注意不能只比较测量的值，而不考虑额定电压值。工作电压是在测得值和额定电压值中取最大的。

4.3.2　试验实施

工作电压测试
试验

工作电压的测试流程如图 4.3.2 所示。首先需要确定测试位置，让受试设备工作在正常条件(额定电压、额定频率、最大负载)下；然后调试工作电压测量仪器(例如示波器)，在需要进行电压测试的不同位置分别进行测量，测量完成后记录数据，并确定两点间的工作电压(最大的峰值工作电压和有效值工作电压)；最后根据工作电压的值进行后续的电气间隙和爬电距离的测试。

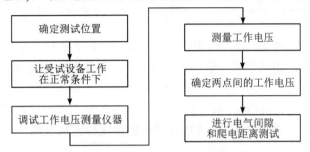

图 4.3.2　工作电压的测试流程

1. 试验准备

本任务准备单如表 4.3.3 所示。

表 4.3.3　本任务准备单

任务名称	工作电压测试试验	
准备清单	准备内容	完成情况
测试位置	确定受试设备的测试位置，并记录到本任务工作单内	已记录(　)　未记录(　)
受试设备	准备好受试设备的引线	变压器一次侧：是(　)否(　) 变压器二次侧：是(　)否(　) 光耦一次侧：是(　)否(　) 光耦二次侧：是(　)否(　) Y 电容的两端：是(　)否(　)
	记录受试设备的额定电压、额定频率、输出电流	额定电压：_____V; 额定频率：_____Hz; 输出电流：_____A
试验仪器	准备好电压源(包括电源线)	是(　)否(　)
	准备好功率计(包括电源线、连接线)	是(　)否(　)
	准备好电子负载(包括电源线)	是(　)否(　)
	准备好示波器(包括电源线、差分探头)	示波器：是(　)否(　) 差分探头：是(　)否(　)
	确认仪器的校准日期是否在有效期内	是(　)否(　)

续表

准备清单	准备内容	完成情况
试验环境	记录当前试验环境的温度和湿度	温度：＿＿＿＿＿℃； 湿度：＿＿＿＿＿＿＿%RH
人员分工	记录小组的人员分工	安全员：＿＿＿＿＿＿＿； 操作员：＿＿＿＿＿＿＿； 记录员：＿＿＿＿＿＿＿

1) 测试位置

试验开始前，我们要先确定工作电压的测试位置。常用的测试位置如表 4.3.4 所示。对于基本或者附加绝缘，测试位置一般为电源两极间、初级导电件与保护地间等。对于加强绝缘，测试位置包括变压器两极间、隔离电容器两极间、隔离光电耦合器两极间、隔离继电器两极间、隔离带中相近两点间、其他危险电压与可触及部位之间等。

表 4.3.4　工作电压常用的测试位置和说明

绝缘类型	测试位置	说　明
基本/附加绝缘	电源两极间、初级导电件与保护地间等	对于可以直接判断出实际工作电压的位置，可以直接采用相关电压值，如直接与电网电源连接的两极间、初级电路到保护地间等
加强绝缘	变压器两极间、隔离电容器两极间、隔离光电耦合器两极间、隔离继电器两极间、隔离带中相近两点间、其他危险电压与可触及部位之间等	通常开关电源变压器两极间的工作电压较高，应重点关注

本任务的受试设备为电源适配器。对于电源适配器来说，测试的主要器件为变压器的初/次级线圈、光耦、Y 电容。测试位置包括变压器一次侧每个引脚到二次侧每个引脚、光耦一次侧每个引脚到二次侧每个引脚以及 Y 电容两引脚间。其电路图如图 4.3.3 所示。

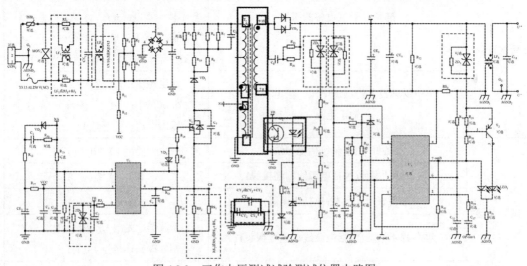

图 4.3.3　工作电压测试试验测试位置电路图

2) 受试设备

根据确定的测试位置，在测试之前，我们需要对受试设备进行处理：拆开设备的外壳，对需要进行电压测试的测试点进行引线处理，即要用电烙铁将需要测试的点用焊锡丝或者导线引接出来，方便进行测试，如图 4.3.4 所示。

图 4.3.4　受试设备的处理

【注意事项】

(1) 受试设备为 I 类设备，因此设备的 N 相不需要接二次侧的低电位点。

(2) 引线的长度不要太长，方便示波器的探头夹住或钩住即可。

(3) 注意引线之间、引线和其他元器件之间不要短路。

3) 试验仪器

本任务需要的试验仪器包括交流电源、功率计、示波器(包含差分探头)和电子负载。这些试验仪器与 EUT 的连接框图如图 4.3.5 所示。其中，交流电源是为了提供 EUT 的正常工作条件。在使用时，我们需要设定交流电源的电压为额定电压的最大值，频率为额定高频。在本任务中，EUT 为电源适配器，其额定电压为 100～240 V、额定频率为 50/60 Hz，因此，我们要设置交流电源的电压为 240 V、频率为 60 Hz。电子负载设置为 EUT 的输出电流的最大值(5 A)。

图 4.3.5　工作电压测试试验仪器与 EUT 的连接框图

2. 搭建试验电路

按如图 4.3.6 所示的工作电压测试试验电路图接好电路。其中，交流电源的输出端接入功率计的输入端，功率计的输出端接入受试设备的输入端，受试设备的输出端接电子负载。

【注意事项】

(1) 连接电路时，任何设备都不可接通电源。

(2) 交流电源和功率计、功率计和受试设备之间的连线要区分 L 级、N 级和地线，请参考输入试验的判断方法。

(3) 受试设备和电子负载的接线要区分正负极。

(4) 连接好电路后，要请指导老师确认电路连接是否正确，之后再进行通电。

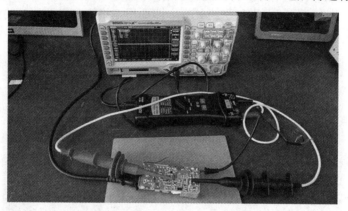

图 4.3.6 工作电压测试试验电路图

3. 试验步骤

完成电路连接，经指导老师确认无误后，准备通电。

各小组人员就位，安全员负责紧急情况下的断电，操作员负责操作仪器，记录员负责记录数据和过程。所有人员均需要佩戴安规手套，按照以下步骤进行操作和测试。

(1) 接通交流电源、功率计、电子负载和示波器的电源，注意所有仪器的电源线都要接到市电(220 V)，而非交流电源的输出电压。

(2) 设置交流电源的电压为 240 V，频率为 60 Hz。

(3) 设置电子负载为定电流模式，其电流大小为 5 A.

(4) 按照记录的测试顺序，将示波器的探棒连接到需要进行工作电压测试的位置。调节示波器到合适的挡位，记录电压的峰值、有效值和最高频率。其中，示波器用单通道测试模式，差分探头的红色鳄鱼夹接一次侧引脚、黑色鳄鱼夹接二次侧引脚。

(5) 更换测试位置，重复步骤(4)，直到所有的位置都测试完成。更换位置时，要注意示波器的探棒不要碰到其他测试位置的引线或者电路板的其他元器件，以免造成受试设备短路损坏，影响测试结果。

(6) 记录数据到本任务工作单，并进行测试结果判断。

(7) 测试完成后，将仪器和受试设备断电，拆除连接线，并将设备进行归位，按照 6S 要求整理工位。

【注意事项】

(1) 仪器的电源要接市电，不是交流电源的输出；

(2) 测试时全程都要戴好安规手套；

(3) 更换测试位置时，示波器的探棒不要触碰到其他元器件或引线。

4. 试验结果判定

根据标准要求确定该样品的工作电压。标准要求，工作电压的峰值应该为所有电压峰值中的最大值，工作电压的有效值也是所有电压有效值中的最大值。

请将试验数据和判定结果记录在如表 4.3.5 所示的本任务工作单内。

表 4.3.5　本任务工作单

试验人：		报告编号：		试验日期：　　　年　　月　　日	
样品编号：		环境温度：_____℃；湿度：_____%RH			
检测设备：					
标准中 5.4.1.8	工作电压的确定				
测量部位	工作电压有效值/ V	工作电压峰值/V	工作电压频率/kHz		备注
工作电压：					

4.3.3　技能考核

本任务技能考核表如表 4.3.6 所示。

表 4.3.6　本任务技能考核表

技能考核项目	操作内容		规定分值	评分标准	得分
课前准备	阅读标准，回答信息问题，完成工作电压测试试验学习单		15	根据回答信息问题的准确度，分为 15 分、12 分、9 分、6 分、3 分和 0 分几个挡。允许课后补做，分数降低一个挡	
实施及操作	试验准备	准备受试设备	15	受试设备的连接线处理符合要求，正确区分正负极，并记录在本任务准备单内得 5 分，否则酌情给分	
		准备连接线		受试设备的连接线处理符合要求，正确区分火线、零线和地线，并记录在本任务准备单内得 5 分，否则酌情给分	
		准备试验仪器		已准备好试验仪器以及连接线，并将校准日期记录到本任务准备单内得 3 分，否则酌情给分	
		记录试验环境的温度和湿度		将环境温度和湿度正确记录到本任务准备单内得 2 分，否则酌情给分	

续表

技能考核项目	操作内容		规定分值	评分标准	得分
实施及操作	搭建试验电路	功率计接线	20	功率计正确接线得10分,极性接反扣5分,输入输出接反扣5分	
		电子负载接线		电子负载正确接线得5分,极性接反扣5分	
		检查电路		整体电路连通性检查无误得5分,否则酌情给分	
	试验步骤	给仪器设备供电	30	正确给功率计和电子负载供电得10分,电源接错得0分	
		设置工作条件		设置交流电源的电压和频率,并记录在本任务工作单内得5分,否则酌情给分	
		设置电子负载		正确设置电子负载的大小得5分,设置错误得0分	
		记录数据		正确记录数据得2分	
		更改工作条件并记录数据		正确操作及记录数据得8分,否则酌情给分	
	试验结果判定	判定样品是否合格	10	正确判定试验结果得10分,否则不给分	
6S 管理	现场管理		10	将设备断电、拆线和归位得5分;将桌面垃圾带走、凳子归位得5分	
总分					

本任务整体评价表如表 4.3.7 所示。

表 4.3.7 本任务整体评价表

序号	评价项目	评价方式	得分
1	技能考核得分(60%)	教师评价	
2	小组贡献(10%)	小组成员互评	
3	试验报告完成情况(20%)	教师评价	
4	PPT 汇报(10%)	全体学生评价	

4.3.4 课后练一练

(1) 一个普通适配器,其额定输入电压为 100～120 V、200～240 V(交流电源),额定输入频率为 50/60 Hz，请问进行工作电压测试试验时需要测试哪些电压和频率？请列出。

(2) 若有一款适配器的额定输入电压为 220 V，则在工作电压测试试验中我们需要测量的电压包括_____。

(3) 请回答以下问题：
① 请列出工作电压测试试验结果判定合格的标准。

② 安规保护的是哪三类人员的安全？

(4) 请解释以下术语：
① 额定电压/电流。

② 正常工作条件。

(5) 请写出工作电压测试试验的步骤。

(6) 请将本试验过程整理成试验报告，在一周内提交。

(7) 请完成该任务的 PPT，准备汇报。

任务 4.4　电气间隙和爬电距离测试试验

 情景引入

2017 年，某市质监局对于该市生产、销售和电商平台销售的带 USB 接口的电源适配器(插线板)进行了质量监督抽查。此次共抽查了 20 批次带 USB 接口的电源适配器产品。检测发现，有 8 批次产品存在着不同的不合格项目，总体合格率在 60%左右。调研员表示，这只达到了勉强及格的水平。本次检测的 8 个不合格样品存在相同的不合格项目，就是电气间隙、爬电距离和绝缘穿透距离这一项目。专家表示，这可能导致使用者使用这些插线板给手机充电时会接触到 220 V 的高压。如何避免此类事件发生，更好地保护消费者的安全呢？除了规范标准，监督标准的执行也是一个重要措施。

本任务是完成电气间隙和爬电距离测试试验，请你学习标准中相关知识并完成试验，之后接受任务考核。

思政元素

通过抽查发现的问题，讨论安全标准执行和监督的重要性，以及政府和相关监管机构在确保产品符合安全标准方面的作用。强调除了制定标准，监管标准的执行同样重要(规范教育)。

讨论企业在生产和销售电子产品时所承担的社会责任，包括确保产品质量和用户安全。强化学生对生产高质量、符合安全标准产品的企业道德和责任的认识(道德教育)。

学习目标及学习指导

本任务学习目标及学习指导如表 4.4.1 所示。

表 4.4.1　本任务学习目标及学习指导

任务名称	电气间隙和爬电距离测试试验	预计完成时间：2 学时
知识目标	◇ 了解 GB 4943.1—2022 中的 5.4.2 电气间隙和 5.4.3 爬电距离部分 ◇ 能解释电气间隙和爬电距离的含义 ◇ 能按标准要求，确定电气间隙和爬电距离的限值 ◇ 能判定样品的电气间隙和爬电距离是否合格	
技能目标	◇ 能查表并计算电气间隙和爬电距离的限值 ◇ 能测量样品的电气间隙和爬电距离的大小	
素养目标	◇ 自主阅读标准中的 5.4.2 和 5.4.3 ◇ 安全地按照操作规程进行试验 ◇ 自觉保持实验室卫生、环境安全（6S 要求） ◇ 培养团队成员研讨、分工与合作的能力	
学习指导	◇ 课前学：熟悉标准中的 5.4.2 和 5.4.3，完成电气间隙和爬电距离测试试验学习单 ◇ 课中做：通过观看视频和教师演示，按照步骤，安全、规范地完成试验，并完成电气间隙和爬电距离测试试验准备单和工作单 ◇ 课中考：完成本任务技能考核表 ◇ 课后练：完成试验报告、课后习题和 PPT 汇报	

4.4.1　相关标准及术语

为了完成本任务，请先阅读 GB 4943.1—2022 中的 5.4.2 电气间隙和 5.4.3 爬电距离部分，并完成如表 4.4.2 所示的本任务学习单(课前完成)。

表 4.4.2　本任务学习单

任务名称	电气间隙和爬电距离测试试验
学习过程	回答问题
信息问题	(1) 确定电气间隙时，什么情况下不需要乘倍增系数？ (2) 确定电气间隙时，应该满足什么要求？需要用到什么程序？ (3) 确定电气间隙时，需要工作电压的什么值？ (4) 确定电气间隙时，什么情况下查标准中表 10？什么情况下查标准中表 11？ (5) 确定爬电距离时，频率在什么范围内查标准中表 17？频率在什么范围内查标准中表 18？ (6) 确定爬电距离时，在相同的基本参数下，加强绝缘是基本绝缘的几倍？ (7) 确定爬电距离时，需要工作电压的什么值？ (8) 确定爬电距离时，三个污染等级对应缝和槽的深度分别在什么情况下可以忽略不计？

1.相关标准

以下是电气间隙和爬电距离测试试验的相关标准(摘录)。

5.4.2 电气间隙

5.4.2.1 基本要求

电气间隙的尺寸应使得由于以下原因造成击穿的可能性降低：

——暂态过电压；和

——可能进入设备的瞬态电压；和

——设备内产生的重复性峰值电压和其相关频率。

所有要求的电气间隙和试验电压适用于海拔 2000 m 及以下。对更高的海拔，在线性内插后适用 5.4.2.5 的倍增系数，然后再进位以及应用表 10、表 11、表 14 和表 15 中规定的任何其他倍增系数。

　　注： 对安全联锁触点间的空气间隙，见附录 K。对断开装置触点间的空气间隙，见附录 L。对元器件触点间的空气间隙，见附录 G。对连接器，见 G.4.1。

对扬声器的音圈及其邻近处的导电零部件，除非制造商另有规定，并通过措施能确保所有正常工作模式期间的最小电气间隙，否则认为它们是导电连接的。

为了确定电气间隙，应使用以下两种程序中的最高值：

——程序 1：按照 5.4.2.2 确定电气间隙。

——程序 2：按照 5.4.2.3 确定电气间隙。或者，可以按照 5.4.2.4 的抗电强度试验确定电气间隙是否足够，此时电气间隙应至少保持按照程序 1 确定的值。

作为替代，对过电压类别 II，可以按照附录 X 确定与不超过 420 V 峰值(300 V 有效值)的交流电网电源连接的电路中的电气间隙。

5.4.2.2 确定电气间隙的程序 1

为了确定用于表 10 和表 11 的电压，要按适用情况，使用以下电压的最高值：

——跨在电气间隙上的工作电压的峰值；

——跨在电气间隙上的重复性峰值电压(如果有)；

——与交流电网电源连接的电路：暂态过电压。如果标称交流电网电源系统电压不超过 250 V，则认为暂态过电压值是 2000 V 峰值，如果标称电网电源系统电压超过 250 V 但不超过 600V，则认为暂态过电压值是 2500 V 峰值。

或者，由制造商选择，可以按照 GB/T 16935.1—2008 的 5.3.3.2.3 确定暂态过电压值。在这种情况下，GB/T 16935.1—2008 的 5.3.3.2.3 中所述的"固体绝缘"用"电气间隙"代替。另外，用短期暂时过电压值 U_n+1200 V 作为表 10 中使用的电压。

注：U_n 是中线接地的供电系统中相线到中线的标称电压。

应按以下方法使用上述电压确定电气间隙：

——对基频不超过 30 kHz 的电路，按表 10 确定电气间隙值；或

——对基频高于 30 kHz 的电路，按表 11 确定电气间隙值；或

——电路中既存在高于 30 kHz 的频率，也有低于 30 kHz 的频率，则选表 10 和表 11 中电气间隙值的最高值。

表 10　电压频率不超过 30 kHz 对应的最小电气间隙

电压(峰值)/ V 小于或等于	基本绝缘或附加绝缘/mm			加强绝缘/mm		
	污染等级			污染等级		
	1[a]	2	3	1[a]	2	3
330	0.01	0.2	0.8	0.02	0.4	1.5
400	0.02			0.04		
500	0.04			0.08		
600	0.06			0.12		
800	0.13			0.26		
1000	0.26	0.26		0.52	0.52	
1200	0.42			0.84		
1500	0.76			1.52		1.6

续表

电压(峰值)/ V 小于或等于	基本绝缘或附加绝缘/mm			加强绝缘/mm		
	污染等级			污染等级		
	1[a]	2	3	1[a]	2	3
2000		1.27			2.54	
2500		1.8			3.6	
3000		2.4			4.8	
4000		3.8			7.6	
5000		5.7			11.0	
6000		7.9			15.8	
8000		11.0			20	
10 000		15.2			27	
12 000		19			33	
15 000		25			42	
20 000		34			59	
25 000		44			77	
30 000		55			95	
40 000		77			131	
50 000		100			175	
60 000		120			219	
80 000		175			307	
100 000		230			395	

允许在最接近的两点间使用线性内插法，计算得到的最小电气间隙指定的增量进位。对数值：

——不超过 0.5 mm，指定的增量是 0.01 mm；和

——超过 0.5 mm，指定的增量是 0.1 mm

[a] 如果样品通过 5.4.1.5.2 的试验，则可以使用污染等级 1 的数值。

表 11　电压频率超过 30 kHz 对应的最小电气间隙

电压(峰值)/ V 小于或等于	基本绝缘或附加绝缘/mm	加强绝缘/mm
600	0.07	0.14
800	0.22	0.44
1000	0.6	1.2
1200	1.68	3.36
1400	2.82	5.64
1600	4.8	9.6
1800	8.04	16.08
2000	13.2	26.4

允许在最接近的两点间使用线性内插法，计算得到的最小电气间隙按指定的增量进位。对数值：

——不超过 0.5 mm，指定的增量是 0.01 mm；和

——超过 0.5 mm，指定的增量是 0.1 mm

对污染等级 1，使用倍增系数 0.8

对污染等级 3，使用倍增系数 1.4

5.4.2.3　确定电气间隙的程序 2

5.4.2.3.1　基本要求

承受来自电网电源或外部电路的瞬态电压的电气间隙的尺寸要根据对该电气间隙的要求的耐压来确定。

应使用下述步骤来确定电气间隙：

——按 5.4.2.3.2 确定瞬态电压；和

——按 5.4.2.3.3 确定要求的耐压；和

——按 5.4.2.3.4 确定最小电气间隙。

5.4.2.3.2　确定瞬态电压

5.4.2.3.2.1　基本要求

可以基于来源确定瞬态电压，或按照 5.4.2.3.2.5 测量瞬态电压。

如果不同的瞬态电压影响同一个电气间隙，则使用最大的电压，而不是把电压值相加。

与电网电源连接的室外设备应与预期安装场所的最高过电压类别相适应。

应对下述情况予以考虑：

——室外设备供电电源的预期故障电流可能高于室内设备，见 GB/T 16895.5；和

——对室外设备的电网电源瞬态电压可能高于室内设备。

室外设备内部用于降低电网电源瞬态电压或预期故障电流的元器件应符合 GB/T 18802 (所有部分)的要求。

注 1：室外设备的过电压类别通常被认为是下述情况之一：

　　　　——如果通过普通的建筑设施布线供电，过电压类别为 Ⅱ 类；

　　　　——如果直接从电网电源分配系统供电，过电压类别为 Ⅲ 类；

　　　　——如果位于或接近于电力装置源，过电压类别为 Ⅳ 类。

注 2：关于过电压保护的进一步信息，见 GB/T 16895.22。

通过对设备和安装说明书进行检查，以及必要时通过进行 GB/T 18802(所有部分)中适当的元器件试验来检验是否合格。

5.4.2.3.2.2　交流电网电源瞬态电压的确定

对由交流电网电源供电的设备，电网电源瞬态电压值取决于过电压类别和交流电网电源电压，如表 12 所示。通常，预定要与交流电网电源连接的设备的电气间隙应按 II 类过电压来设计。

注：确定过电压类别的进一步指南见附录 I。

对安装后可能要承受超过设计的过电压类别所对应的瞬态电压值的设备，需要在设备的外部提供附加的保护。在这种情况下，安装说明书应说明需要这种外部保护。

表 12　电网电源瞬态电压

交流电网电源电压[a] (有效值)/V 小于或等于	电网电源瞬态电压[b](峰值)/V			
	过电压类别			
	I	II	III	IV
50	330	500	800	1500
100[c]	500	800	1500	2500
150[d]	800	1500	2500	4000
300[e]	1500	2500	4000	6000
600[f]	2500	4000	6000	8000

[a] 设计预定与没有中线的三相三线制电源连接的设备，交流电网电源电压是指相线对相线的电压。对所有其他有中线的情况，交流电网电源电压是相线对中线的电压。

[b] 电网电源瞬态电压始终是表中的一个值，不允许使用内插法。

[c] 在日本，标称交流电网电源电压为 100 V，电网电源瞬态电压值由适用于标称交流电网电源电压 150 V 的栏确定。

[d] 包括 120/208 V 和 120/240 V。

[e] 包括 230/400 V 和 277/480 V。

[f] 包括 400/690 V。

5.4.2.3.2.3　直流电网电源瞬态电压的确定

如果接地的直流电源分配系统完全处在一个单独的建筑物中，则瞬态电压按下列规定来选择：

——如果直流电源分配系统是单点接地，则假定瞬态电压是 500 V(峰值)；或

——如果直流电源分配系统是在电源和设备处接地，则假定瞬态电压是 350 V(峰值)；或

注：与保护接地的连接可以在直流电源分配系统的电源端，也可以在设备端，或同时在这两端都连接(见 ITU-T K.27)。

——如果与直流电源分配系统配套的电缆的长度小于 4 m，或电缆完全安装在不间断的金属导管内，则假定瞬态电压是 150 V(峰值)。

如果直流电源分配系统不接地或不在同一个建筑物内，则对地的瞬态电压应假定等于给该直流电源供电的电网电源瞬态电压。

如果直流电源分配系统不在同一个建筑物内，并且在结构配置上使用类似对外部电路的安装和保护技术，则应使用 5.4.2.3.2.4 的相关分类来确定瞬态电压。

如果设备由专用电池供电，该电池在不从设备中取出的情况下不能由电网电源充电，则不需要考虑瞬态电压。

在确定直流电网电源电压时，应对直流电网电源的安装和电源予以考虑。如果这些是未知的，则认为对室外设备供电的直流电网电源的直流瞬态电压是 1.5 kV。

如果直流电源分配系统不在同一个建筑物内，则制造商应在安装说明书中声明直流电网电源的电网电源瞬态电压。

5.4.2.3.2.4 外部电路瞬态电压的确定

应使用表 13 来确定可能在外部电路上产生的瞬态电压的适用值。如果表中有一种以上的配置或条件适用，则采用最高的瞬态电压值。如果振铃或其他间歇信号的电压小于外部电路瞬态电压值，则不得考虑这种信号。

如果瞬态电压小于短时信号(例如电话振铃信号)的峰值电压，则应使用短时信号的峰值电压作为瞬态电压。

如果已知外部电路瞬态电压比表 13 中的值高，则应使用已知的电压值。

注 1：澳大利亚已在 ACIF G624：2005 规定了该国的过电压限值。

注 2：假定已采取了充足的措施来减小设备中出现超过表 13 规定值的瞬态电压的可能性。在安装时，如果出现在设备上的瞬态电压预计会超过表 13 的规定值，则可能需要附加措施，例如使用浪涌抑制器。

注 3：在欧洲，与外部电路互连的要求在 EN 50491-3：2009 中给出。

表 13   外部电路瞬态电压

ID(识别号)	电缆类型	附加条件	瞬态电压
1	双导体 [a] 屏蔽或未屏蔽	建筑物或构件可以有或没有等电位连接	1500 V 10/700 μs 当一个导体在设备内接地时只有差模电压
2	任何其他导体	外部电路不在任何一端接地，但有一个参考地(例如：来自电网电源的连接)	电网电源瞬态电压，或为所考虑的电路供电的电路的外部电路瞬态电压，其中较高者
3	电缆分配网络中的同轴电缆	除馈电同轴中继器以外的设备。电缆屏蔽层在设备端接地	4000 V 10/700 μs 中心导体到屏蔽层
4	电缆分配网络中的同轴电缆	馈电同轴中继器(同轴电缆不超过 4.4 mm)。电缆屏蔽层在设备端接地	5000 V 10/700 μs 中心导体到屏蔽层
5	电缆分配网络中的同轴电缆	陈馈电同轴中继器以外的设备。电缆屏蔽层在设备端不接地。电缆屏蔽层在建筑物入口接地	4000 V 10/700 μs 中心导体到屏蔽层 1500 V 1.2/50 μs 屏蔽层到地
6	同轴电缆	电缆连接到室外天线	无瞬态值，见 [b]

续表

ID(识别号)	电缆类型	附加条件	瞬态电压
7	双导体[a]	电缆连接到室外天线	无瞬态值，见[b]
8	建筑物内的同轴电缆	来自建筑物外部的电缆通过转接点进行连接。来自建筑物外部的同轴电缆的屏蔽层和在建筑物内的电缆中的同轴电缆的屏蔽层连接在一起并接地	不适用

通常，对完全安装在同一建筑物结构中的外部电路不考虑瞬态值。但是，如果导体端接的设备在不同的接地网络上接地，则认为该导体离开了建筑物

设备外部产生的多余的稳态电压的影响(例如，接地电位差和电力机车系统在通信网络上感应的电压)由实际安装行为来控制。这种行为是与应用相关的，本文件不涉及

对可以降低瞬态影响的屏蔽电缆，其屏蔽层应是连续的，在两端接地，并且最大传输阻抗为 20 Ω/km (对 f<1 MHz)

注 1：家用设备，如音频、视频和多媒体产品按 ID 号 6、7 和 8 定位。

注 2：在挪威和瑞典，同轴电缆的电缆屏蔽层通常不在建筑物入口端接地(见 5.7.7 的注释)。对于安装条件，见 IEC 60728-11：2016。

[a] 双导体包括双绞合导体。

[b] 这些电缆不承受任何瞬态值，但可能承受 10 kV 静电放电电压(来自 1 nF 的电容器)的影响。在确定电气间隙时不考虑这种静电放电电压的影响。按 G.10.4 的试验来检查是否合格。

5.4.2.3.2.5 通过测量确定瞬态电压等级

使用以下程序测量跨在电气间隙上的瞬态电压。

在测量期间，设备不与电网电源或任何外部电路连接。仅断开设备内与电网电源连接的电路中的浪涌抑制器。如果设备预定由单独的电源供电，则在测量期间连接该电源。

为了测量跨在电气间隙上的瞬态电压，要使用附录 D 中适当的脉冲试验发生器来产生脉冲。每个极性至少 3 个脉冲，脉冲间隔至少 1 s，脉冲施加在每对相关的点之间。

a) 来自交流电网电源的瞬态电压

使用表 D.1 电路 2 的脉冲试验发生器产生等于交流电网电源瞬态电压的 1.2/50 μs 的脉冲，施加在下列点之间：

——相线对相线；

——所有相线导体连在一起和中线；

——所有相线导体连在一起和保护地；和

——中线和保护地。

b) 来自直流电网电源的瞬态电压

使用表 D.1 电路 2 的脉冲试验发生器产生等于直流电网电源瞬态电压的 1.2/50 μs 的脉冲，施加在下列点之间：

——正极和负极电源连接点；和

——所有电源连接端连在一起和保护地。

c) 来自外部电路的瞬态电压

使用附录 D 的相应的试验发生器产生适当的并且由表 13 规定的脉冲，施加在下列外部电路的每一单一接口类型的连接点之间：

——接口中的每一对端子(例如，A 和 B 或触点和环路)；和

——单一接口型的所有端子连在一起和地之间。

电压测量装置跨接在所考虑的电气间隙上。

如果有若干个相同的电路，则只对一个电路进行试验。

5.4.2.3.3 要求的耐压的确定

除了以下几种情况外，要求的耐压等于 5.4.2.3.2 中确定的瞬态电压。

——如果与电网电源隔离的电路通过保护连接导体与主保护接地端子连接，则要求的耐压可以比表 12 的过电压类别或交流电网电源电压低一个类别。对不高于 50 V 效值的交流电网电源，不进行修正。

——如果与电网电源隔离的电路由带容性滤波的直流电源供电，并且与保护地连接，则要求的耐压应假设等于该直流电源的直流电压的峰值，或等于与电网电源隔离的电路的工作电压的峰值，选其中较高者。

——如果设备由专用电池供电，该电池在不从设备中取出的情况下不能由电网电源充电，则瞬态电压为零，要求的耐压等于工作电压的峰值。

5.4.2.3.4 使用要求的耐压确定电气间隙

每个电气间隙应符合表 14 中相应的值。

表 14 使用要求的耐压的最小电气间隙

要求的耐压(峰值或直流)/V 小于或等于	基本绝缘或附加绝缘/mm 污染等级			加强绝缘/mm 污染等级		
	1 [a]	2	3	1 [a]	2	3
330	0.01			0.02		
400	0.02			0.04		
500	0.04	0.2	0.8	0.08	0.4	1.5
600	0.06			0.12		
800	0.10			0.2		
1000	0.15			0.3		
1200	0.25			0.5		
1500	0.5			1.0		
2000	1.0			2.0		
2500	1.5			3.0		
3000	2.0			3.8		
4000	3.0			5.5		
5000	4.0			8.0		
6000	5.5			8.0		

续表

要求的耐压(峰值或直流)/V 小于或等于	基本绝缘或附加绝缘/mm			加强绝缘/mm		
	污染等级			污染等级		
	1[a]	2	3	1[a]	2	3
8000	8.0			14		
10 000	11			19		
12 000	14			24		
15 000	18			31		
20 000	25			44		
25 000	33			60		
30 000	40			72		
40 000	60			98		
50 000	75			130		
60 000	90			162		
80 000	130			226		
100 000	170			290		

允许在最接近的两点间使用线性内插法，计算得到的最小电气间隙应按指定的增量进位。对数值：

——不超过 0.5 mm，指定的增量是 0.01 mm；和

——超过 0.5 mm，指定的增量是 0.1 mm

[a] 如果样品通过 5.4.1.5.2 的试验，则可以使用污染等级 1 的数值。

5.4.2.4 使用抗电强度试验确定电气间隙是否满足要求

电气间隙应能承受抗电强度试验。试验可以使用脉冲电压或交流电压或直流电压来进行。要求的耐压按 5.4.2.3 确定。

脉冲电压试验用具有相应的波形(见附录 D)和表 15 规定的电压值的电压来进行。每个极性施加 5 个脉冲，脉冲间隔至少 1 s。

交流电压试验用具有表 15 规定的峰值电压的正弦电压来进行，持续 5 s。

直流电压试验使用表 15 规定的直流电压来进行，在一个极性下施加 5 s，然后在相反极性下施加 5 s。

表 15 抗电强度试验电压

要求的耐压(峰值)/kV 小于或等于	基本绝缘或附加绝缘的电气间隙的抗电强度试验电压/kV(峰值)(脉冲或交流或直流)
0.33	0.36
0.5	0.54
0.8	0.93
1.5	1.75

续表

要求的耐压(峰值)/kV 小于或等于	基本绝缘或附加绝缘的电气间隙的抗电强度试验 电压/kV(峰值)(脉冲或交流或直流)
2.5	2.92
4.0	4.92
6.0	7.39
8.0	9.85
12.0	14.77
U^a	$1.23 \times U^a$

在最近的两点之间允许使用线性内插法，计算所得的最小试验电压进位到小数点后 2 位

对加强绝缘，抗电强度试验电压为基本绝缘试验电压值的 160%，然后这个计算得到的试验电压值进位到小数点后 2 位

如果被测设备未能通过交流或直流试验，则使用脉冲试验

如果在 200 m 或更高的海拔进行试验，可以使用 GB/T 16935.1—2008 的表 F.5，这种情况下，在海拔 200 m 和 500 m 之间以及在相应的 GB/T 16935.1—2008 中表 F.5 的冲击试验电压之间可以使用线性内插法

$^a U$ 是高于 12.0 kV 的任何要求的耐压。

5.4.2.5 海拔高于 2000 m 的倍增系数

预定和设计在海拔 2000 m 以上至 5000 m 使用的设备，按表 10、表 11 和表 14 要求的最小电气间隙，以及按表 15 要求的抗电强度试验电压，应符合海拔 5000 m 的要求，即乘以表 16 规定的对应海拔 5000 m 的倍增系数。对预定仅在海拔 2000 m 及以下使用的设备，按表 10、表 11 和表 14 要求的最小电气间隙，以及按表 15 要求的抗电强度试验电压，应符合海拔 2000 m 的要求，即乘以表 16 规定的对应海拔 2000 m 的倍增系数。

注：可以在真空箱内模拟较高海拔。

表 16   电气间隙和试验电压的倍增系数

海拔/m	正常气压 /kPa	电气间隙的 倍增系数	抗电强度试验电压的倍增系数		
			<1 mm	≥1mm～<10 mm	≥10 mm～<100 mm
2000	80.0	1.00	1.00	1.00	1.00
3000	70.0	1.14	1.05	1.07	1.10
4000	62.0	1.29	1.10	1.15	1.20
5000	54.0	1.48	1.16	1.24	1.33

在最近的两点之间允许使用线性内插法，计算所得的最小倍增系数进位到小数点后 2 位

5.4.2.6 合格判据

通过测量和试验来检查是否合格，按照附录 O 和附录 T 的相关条款。

下列条件适用。

——使活动的零部件处在其最不利的位置。

——按图 O.13，从点 X 起测量绝缘材料外壳通过槽或开孔的电气间隙；

——在作用力试验期间，金属外壳不得与下列电路的裸露导电零部件相接触：

- ES2 电路，除非设备在受限制接触区内，或
- ES3 电路。

——在附录 T 的试验后：

- 进行电气间隙尺寸的测量，和
- 进行相关的抗电强度试验，和
- 对 T.9 的玻璃冲击试验，表面材料的损坏、不使电气间隙减小到规定值以下的小凹坑、表面裂纹等忽略不计。如果出现穿通裂纹，则不得使电气间隙减小。对肉眼不可见的裂纹，应进行抗电强度试验。和

——除了外壳以外的元器件和部件承受 T.2 的试验。在施加力后，电气间隙不得减小到要求值以下。

对与同轴电缆分配系统或室外天线连接的电路，通过 5.5.8 的试验来检验是否合格。

5.4.3 爬电距离

5.4.3.1 基本要求

爬电距离应具有这样的尺寸，使得在给定的有效值工作电压、污染等级和材料组别下，不会发生绝缘闪络或击穿(例如，由于电痕化引起的)。

频率小于或等于 30 kHz 时，基本绝缘和附加绝缘的爬电距离应符合表 17。频率超过 30 kHz 但小于或等于 400 kHz 时，基本绝缘和附加绝缘的爬电距离应符合表 18。

频率超过 400 kHz 时，在未得到另外的数据之前，可以使用频率 400 kHz 及以下的爬电距离的要求。频率高于 400 kHz 时爬电距离的要求正在考虑中。

连接器的外部绝缘表面(见 5.4.3.2)(包括外壳开孔)和在连接器内(或外壳内)与 ES2 相连的导电零部件之间的爬电距离应符合基本绝缘的要求。

连接器的外部绝缘表面(见 5.4.3.2)(包括外壳开孔)和在连接器内(或外壳内)与 ES3 相连的导电零部件之间的爬电距离应符合加强绝缘的要求。

作为例外，如果连接器符合下列要求，则爬电距离符合基本绝缘的要求即可：

——固定在设备上；和

——位于设备外部电气防护外壳的内侧；和

——只有在拆除符合下列要求的组件后才可触及：

- 在正常工作条件期间要求在位；和
- 提供指示性的安全防护措施代替被拆卸组件。

对连接器，包括不固定在设备上的连接器的所有其他爬电距离，使用按 5.4.3 确定的最小爬电距离。

上述对连接器的最小爬电距离要求不适用于在 G.4 列出的连接器。

如果从表 17 或表 18 中得到的最小爬电距离小于相应的最小电气间隙，则应使用最小电气间隙作为最小爬电距离。

对于玻璃、云母、上釉陶瓷或类似的无机材料，如果最小爬电距离大于相应的最小电气间隙，允许把最小电气间隙的数值作为最小爬电距离的数值。

对加强绝缘，爬电距离的值是表 17 或表 18 中对基本绝缘要求值的两倍。

表 17　基本绝缘和附加绝缘的最小爬电距离

单位为毫米

有效值工作电压/ V 小于或等于	污染等级						
	1ª	2			3		
	材料组别						
	Ⅰ、Ⅱ、Ⅲa、Ⅲb	Ⅰ	Ⅱ	Ⅲa、Ⅲb	Ⅰ	Ⅱ	Ⅲa、Ⅲb[b]
10	0.08	0.4	0.4	0.4	1.0	1.0	1.0
12.5	0.09	0.42	0.42	0.42	1.05	1.05	1.05
16	0.1	0.45	0.45	0.45	1.1	1.1	1.1
20	0.11	0.48	0.48	0.48	1.2	1.2	1.2
25	0.125	0.5	0.5	0.5	1.25	1.25	1.25
32	0.14	0.53	0.53	0.53	1.3	1.3	1.3
40	0.16	0.56	0.8	1.1	1.4	1.6	1.8
50	0.18	0.6	0.85	1.2	1.5	1.7	1.9
63	0.2	0.63	0.9	1.25	1.6	1.8	2.0
80	0.22	0.67	0.95	1.3	1.7	1.9	2.1
100	0.25	0.71	1.0	1.4	1.8	2.0	2.2
125	0.28	0.75	1.05	1.5	1.9	2.1	2.4
160	0.32	0.8	1.1	1.6	2.0	2.2	2.5
200	0.42	1.0	1.4	2.0	2.5	2.8	3.2
250	0.56	1.25	1.8	2.5	3.2	3.6	4.0
320	0.75	1.6	2.2	3.2	4.0	4.5	5.0
400	1.0	2.0	2.8	4.0	5.0	5.6	6.3
500	1.3	2.5	3.6	5.0	6.3	7.1	8.0
630	1.8	3.2	4.5	6.3	8.0	9.0	10
800	2.4	4.0	5.6	8.0	10	11	12.5
1000	3.2	5.0	7.1	10	12.5	14	16
1250	4.2	6.3	9.0	12.5	16	18	20
1600	5.6	8.0	11	16	20	22	25
2000	7.5	10	14	20	25	28	32
2500	10	12.5	18	25	32	36	40
3200	12.5	16	22	32	40	45	50
4000	16	20	28	40	50	56	63
5000	20	25	36	50	63	71	80
6300	25	32	45	63	80	90	100
8000	32	40	56	80	100	110	125

续表

有效值工作电压/V 小于或等于	污染等级						
	1ᵃ	2			3		
	材料组别						
	I、II、 IIIa、IIIb	I	II	IIIa、IIIb	I	II	IIIa、IIIbᵇ
10 000	40	50	71	100	125	140	160
12 500	50	63	90	125			
16 000	63	80	110	160			
20 000	80	100	140	200			
25 000	100	125	180	250			
32 000	125	160	220	320			
40 000	160	200	280	400			
50 000	200	250	360	500			
63 000	250	320	450	600			

允许在最近的两点之间使用线性内插法，计算所得的最小爬电距离进位到小数点后 1 位，或下一行的数值，取其中较小者

对加强绝缘，对计算所得的基本绝缘的数值加倍后，再进位到小数点后 1 位，或将下一行的数值加倍

ᵃ 如果样品通过 5.4.1.5.2 的试验，则可以使用污染等级 1 的数值。

ᵇ 对污染等级 3 且有效值工作电压高于 630 V 的应用场合不宜使用材料组别IIIb。

表 18　频率大于 30 kHz 且小于或等于 400 kHz 时爬电距离的最小值

单位为毫米

电压/kV	30 kHz < f ≤ 100 kHz	100 kHz < f ≤ 200 kHz	200 kHz < f ≤ 400 kHz
0.1	0.0167	0.02	0.025
0.2	0.042	0.043	0.05
0.3	0.083	0.09	0.1
0.4	0.125	0.13	0.15
0.55	0.183	0.23	0.25
0.6	0.267	0.38	0.4
0.7	0.358	0.55	0.68
0.8	0.45	0.8	1.1
0.9	0.525	1.0	1.9
1	0.6	1.15	3

表格中的爬电距离值适用于污染等级 1。对污染等级 2，应使用倍增系数 1.2，对污染等级 3，应使用倍增系数 1.4

允许使用线性内插法，所得结果进位到前一位有效数字

表 18 中给出的数据(来自 GB/T 16935.4—2011 中表 2)未考虑电痕化现象的影响。如果考虑这点，需要考虑表 17。因此，如果表 18 的数值小于表 17 的数值，则使用表 17 的数值

5.4.3.2 试验方法

下列条件适用。

——使可活动的零部件处在其最不利的位置。

——对装有普通不可拆卸电源软线的设备，在装有 G.7 规定的最大横截面积的电源导线时，以及在不装导线时进行爬电距离的测量。

——在测量绝缘材料外壳可触及外表面通过外壳的槽口或开孔，或者通过可触及连接器开孔的爬电距离时，应认为外壳的可触及外表面是导电的，就像在进行 V.1.2 试验时不施加明显作用力覆盖上一层金属箔那样。(见图 O.13，点 *X*)。

——用作基本绝缘、附加绝缘和加强绝缘的爬电距离的尺寸，按 4.4.3，在附录 T 的试验后进行测量。

——对 T.9 的玻璃冲击试验，表面材料的损坏、不使爬电距离减小到规定值以下的小凹坑、表面裂纹等忽略不计。如果出现穿通裂纹，则不得使爬电距离减小。

——除了外壳以外的元器件和部件承受 T.2 的试验。在施加力后，爬电距离不得减小到要求值以下。

5.4.3.3 材料组别和 CTI

材料组别取决于 CTI，并按下列规定分类：

材料组别 I   600≤CTI

材料组别 II   400≤CTI＜600

材料组别 IIIa   175≤CTI＜400

材料组别 IIIb   100≤CTI＜175

材料组别可通过按照 GB/T 4207 使用溶液 A 对材料进行 50 滴的试验获得的试验数据来评价。

如果材料组别是未知的，则应假定材料组别为 IIIb。

如果需要 CTI 为 175 或更大，且材料数据不可获得，则可以用 GB/T 4207 规定的耐电痕化指数(PTI)试验来确定材料组别。如果通过试验确定的材料的 PTI 等于或大于对应组别 CTI 的下限值，则可以将该材料列入对应的组别内。

5.4.3.4 合格判据

通过附录 O、附录 T 和附录 V 的测量来检验是否合格。

2. 相关术语

(1) 电气间隙(clearance)：两导电部件之间在空气中的最短距离。

(2) 爬电距离(creepage distance)：两导电部件之间沿绝缘材料表面的最短距离。

电气间隙和
爬电距离

关于电气间隙的解释说明：电气间隙是在保证电气性能稳定和安全的情况下，通过空气能实现绝缘的最短距离。电气间隙的最小尺寸应使得通过器具的瞬态过电压和设备内部产生的峰值电压不能造成击穿，其目的是防范跨接在绝缘材料上的是瞬态过电压或峰值电压。

关于爬电距离的解释说明：爬电距离的最小尺寸应使得绝缘材料在对应的污染等级和工作电压下不会产生闪络或击穿。对最小爬电距离做出限制，是为了防止在两导电体之间，通过绝缘材料表面可能出现的污染物发生爬电现象，其考核绝缘材料在对应污染等级和工作电压下的耐受能力。

电气间隙与爬电距离的相同之处：两者都是研究两个导电部件间的距离。

电气间隙与爬电距离的不同之处：

(1) 两者所指距离不同。爬电距离是导电部件间沿绝缘面的距离，而电气间隙只是导电部件之间的空间距离。

(2) 两者测量目的不同。电气间隙的测量目的是确保两导电部件间在出现瞬态过电压或峰值电压时不会发生击穿现象，而爬电距离的测量目的是保证在规定的电压和污染等级下不会发生击穿现象，考核的是绝缘材料在给定工作电压和污染等级下的耐受能力。

3. 标准解读

1) 试验目的

电气间隙、爬电距离对电气产品的安全有着非常重要的作用，如果电气产品中带电部件与外壳距离过小，很容易短路或漏电，使外壳带电，危害人身安全。不同电位的带电部件之间的距离过小，也容易造成板间短路或者极间漏电，引发火灾或绝缘功能的失效，使电气产品的绝缘性能下降。在安规测试中，需在熟悉产品内部结构的基础上分辨出各绝缘结构的组成，分清带电部件和可触及部位，确定它们之间的电气间隙、爬电距离路径，用符合标准要求的测量设备量化路径，判定产品是否满足标准要求。

电气间隙的
确定

2) 电气间隙的确定

电气间隙的确定有两种方法，如图 4.4.1 所示。

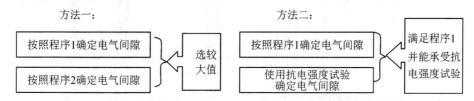

图 4.4.1　确定电气间隙的两种方法

(1) 方法一：分别根据程序 1 和程序 2 确定两个电气间隙的值，然后取其中的较大值。

① 程序 1：按照标准中 5.4.2.2 确定电气间隙，其流程图如图 4.4.2 所示。

首先，在工作电压的峰值、重复性峰值电压和暂态过电压三者之间取最大值；然后，根据电压基频判断应该查找的表格和取值：如果基频小于等于 30 kHz，则查标准中表 10；如果基频大于 30 kHz，则查标准中表 11；如果基频既有小于等于 30 kHz，也有大于 30 kHz 的情况，则在查标准中表 10 和表 11 后，取较大的电气间隙值。

工作电压的峰值、重复性峰值电压和暂态过电压的取值：工作电压的峰值是在任务 4.3 中测量得到的最大电压峰值；对于重复性峰值电压，一般情况下，我国电子产品的供电是 220 V 的正弦交流电，重复性峰值电压按照 220 V × 1.414 = 311 V 来计算；对于暂态过电压，标称 AC 电压小于等于 250 V 取 2000 V、标称 AC 电压大于 250 V 取 2500 V。最后比较三个电压，取最大的电压值。

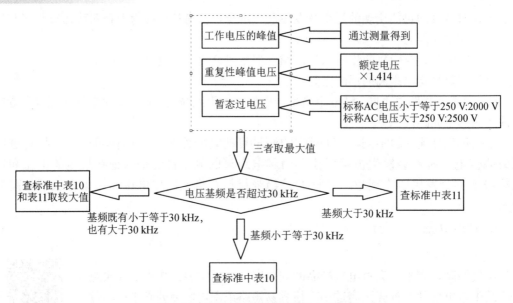

图 4.4.2　确定电气间隙的程序 1 流程图

查表时应确定以下因素：电压值、污染等级和绝缘类型。电压值就是按照程序 1 计算得到的最大电压值。对于污染等级，GB 4943.1—2022 包括的设备污染等级一般为 2。绝缘类型一般分为基本绝缘、加强绝缘、附加绝缘和功能绝缘，分别用 B、R、S、F 表示。图 4.4.3 为一般电路中不同电路部分采取的绝缘类型。其中，图 4.4.3(a)为某 Ⅰ 类设备的绝缘类型，图 4.4.3(b)为某 Ⅱ 类设备的绝缘类型。

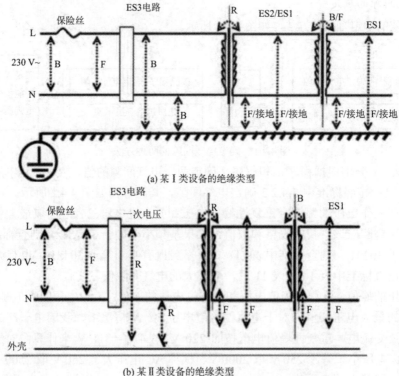

(a) 某 Ⅰ 类设备的绝缘类型

(b) 某 Ⅱ 类设备的绝缘类型

图 4.4.3　一般电路中不同电路部分采取的绝缘类型

取值时,可以直接取查表得到的值或者在最接近的两点间使用线性内插法。需要注意,用线性内插法计算电气间隙时,应按指定的增量进位(不是"四舍五入",而是"进位"):对数值不超过 0.5 mm,指定的增量是 0.01 mm;超过 0.5 mm,指定的增量是 0.1 mm。

② 程序 2:按照标准中 5.4.2.3 确定电气间隙,其流程图如图 4.4.4 所示,具体步骤如下。

a. 按标准中 5.4.2.3.2 确定瞬态电压;

b. 按标准中 5.4.2.3.3 确定要求的耐压;

c. 按标准中 5.4.2.3.4 确定最小电气间隙。

电网电源瞬态电压的确定如下:

a. 交流电网电源瞬态电压由过电压类型(通常,预定要与交流电网电源连接的设备为 Ⅱ 类过电压)及交流电源电压确定,通过查表 12 得到;

b. 直流电网电源瞬态电压根据是否接地来确定;

c. 外部电路瞬态电压与电缆类型和连接有关,通过查表 13 得到;

d. 通过测量确定瞬态电压等级,然后确定要求的耐压值,无特殊情况下,耐压值等于瞬态电压值,确定了耐压值后再查表 14,得到设备的最小电气间隙。

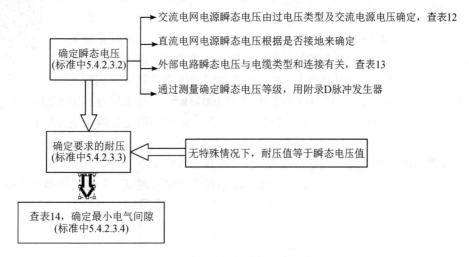

图 4.4.4　确定电气间隙的程序 2 流程图

(2) 方法二:先按照程序 1 确定电气间隙的值(电子产品的电气间隙值要不低于该值),再通过抗电强度试验来判断电气间隙是否满足要求。如果在按照程序 1 确定的电气间隙下,通过标准中 5.4.2.4 的抗电强度试验,则该尺寸也可以作为限值。

【注意事项】

通过上述方法确定的电气间隙适用于海拔小于 2000 m 的尺寸要求,如果产品使用的场景为海拔高于 2000 m,则根据标准中表 16 确定倍增系数后进行计算。

例 4.4.1　假设一个电源适配器的额定电压为 100～240 V(交流电源),额定频率为 50/60 Hz,测得其最高工作电压分别为 830 V(峰值)和 331 V(有效值),污染等级为 2,加强绝缘(R),请评估其需要满足的电气间隙是多少。

分析:

我们使用方法一来确定,具体步骤如下。

① 根据程序 1 确定电气间隙尺寸。根据题目中的信息确定最大电压:

工作电压的峰值为 830 V；

重复性峰值电压为 240 V × 1.414 = 340 V；

暂态过电压为 2000 V(因为标称交流电网电源电压值为 220 V，小于 250 V)。

三者取最大值为 2000 V。

已知绝缘类型为加强绝缘，污染等级为 2，电压基频为 50 Hz，查标准中表 10，确定电气间隙为 2.54 mm。

② 根据程序 2 确定电气间隙尺寸。

确定瞬态电压：由于样品使用交流电网电源，因此通过查标准中表 12 确定。根据场景，交流电网电源电压为 220 V，按就高原则，选 300 V 一行，再根据过电压类别为 Ⅱ，可得瞬态电压为 2500 V。

无特殊情况，则耐压值等于瞬态电压值，为 2500 V。

查标准中表 14，根据绝缘类型为加强绝缘，污染等级为 2，得到电气间隙为 3.0 mm。

③ 对比根据程序 1 和程序 2 计算的值，取两者中的较大值，最终得到该样品的电气间隙为 3.0 mm。

3) 爬电距离的确定

(1) 在标准中 5.4.3.1 的基本要求中，列出了在不同频率、不同绝缘类型(基本绝缘、附加绝缘等)的情况下，通过查表等方式来得到爬电距离的要求。例如：频率小于等于 30 kHz 时，基本绝缘和附加绝缘的爬电距离应当符合标准中表 17；频率超过 30 kHz 但小于等于 400 kHz 时，基本绝缘和附加绝缘的爬电距离应当符合标准中表 18 等。此外，对加强绝缘，爬电距离的值是标准中表 17 或表 18 对基本绝缘要求值的两倍。

(2) 确定爬电距离的流程图如图 4.4.5 所示，具体解释如下。

① 确定有效值工作电压：有效值工作电压是在工作电压测试试验任务中得到的值。

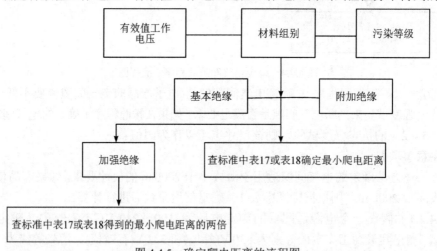

图 4.4.5 确定爬电距离的流程图

② 确定材料组别：材料组别可按照 GB/T 4207 使用溶液 A 对材料进行 50 滴的试验获得的试验数据来评价。如果材料组别是未知的，则应假定材料组别为Ⅲb。

③ 确定污染等级：污染等级按照标准中 5.4.1.5.1 的要求确定，如果没有其他说明，可

认为污染等级为 2。

④ 确定绝缘类型：确定是基本绝缘、附加绝缘还是加强绝缘。

⑤ 确定爬电距离：确定电压基频后，如果绝缘类型是基本绝缘和附加绝缘，则根据电压基频查标准中表 17(频率小于 30 kHz)或表 18(频率大于 30 kHz 且小于或等于 400 kHz)确定最小爬电距离；如果绝缘类型是加强绝缘，则爬电距离为查标准中表 17 或表 18 得到的最小爬电距离的两倍。

【注意事项】

(1) 允许在最近的两点之间使用线性内插法，计算所得的最小爬电距离进位到小数点后 1 位，或下一行的数值，取其中的较小值。对加强绝缘，对计算所得的基本绝缘的数值加倍后，再进位到小数点后 1 位，或将下一行的数值加倍。

(2) 如果从表 17 查得的最小爬电距离小于相应的最小电气间隙，则应当采用最小电气间隙作为最小爬电距离。对于玻璃、云母、上釉陶瓷或类似的无机材料，如果最小爬电距离大于相应的最小电气间隙，允许把最小电气间隙的数值作为最小爬电距离的数值。

例 4.4.2　假设一个电源适配器的额定电压为 100～240 V(交流电源)，额定频率为 50/ 60 Hz，测得其内部变压器最高工作电压分别为 830 V(峰值)和 331V(有效值)，绝缘类型为加强绝缘，请评估其需要满足的最小爬电距离。

分析：

由以上给定的信息可知：有效值工作电压为 331 V；材料组别为Ⅲb；污染等级为 2；绝缘类型为加强绝缘，意味着查表后的数值乘 2 得到最小爬电距离值；基频小于 30 kHz，因此确定查表 17(查表后得到的值为 4.0 mm)。据此得到最小爬电距离为 4.0 mm × 2 = 8 mm。

此外，最小爬电距离也可以用线性内插法计算得出。

已知有效值工作电压为 331 V，在表 17 中，该电压位于 320～400 V，而查表可以得出 320 V 和 400 V 时的最小爬电距离分别为 3.2 mm 和 4.0 mm。因此，我们可以在坐标系中画出两点 P_0 (320 V，3.2 mm)和 P_1(400 V，4.0 mm)，如图 4.4.6 所示，则根据

$$y - y_0 = k(x - x_0)，其中 k = (4.0 - 3.2)/(400 - 320) = 1/100$$

可得 $y = [(331 - 320)/100 + 3.2] = 3.31$ mm。

根据绝缘类型为加强绝缘，要对上述结果乘 2，最终的结果取 1 位小数，为 6.7 mm。特别注意这里不是采用四舍五入的方法，而是采用无条件进位法。

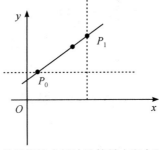

图 4.4.6　使用线性内插法计算最小爬电距离示意图

4) 电气间隙和爬电距离的测量

了解电气间隙和爬电距离的确定方法后，我们还要考虑它们在实际中的测量。在实际

中，电路情况复杂，有缝隙和槽等存在，这些因素可以忽略还是应该计算在内，我们要根据标准中附录 O 的要求进行判断。

在介绍电气间隙和爬电距离的测量之前，我们要先了解什么是"X"，因为在标准中图 O.1 至图 O.16 都要用到 X。X 的数值由标准中表 O.1 给出，如表 4.4.3 所示。只有当规定的最小电气间隙大于 3 mm 时，标准中的表 O.1 才有效。否则，X 取下面的较小者：

——标准中表 O.1 中相应值；或

——标准中所规定最小电气间隙的 1/3。

表 4.4.3　X 的数值

污染等级(见 5.4.1.5)	X/mm
1	0.25
2	1.00
3	1.50

如果所示距离小于 X，则测量爬电距离时，缝和槽的深度忽略不计。

标准中电气间隙和爬电距离的测量用到的部分图形总结如表 4.4.4 所示。

表 4.4.4　电气间隙和爬电距离的测量用到的部分图形总结

序号	图形	条件	规则
图 O.1 (窄沟槽)		被考虑的路径包含有一条任意深度、宽度小于 X mm、槽壁平行或收敛的沟槽	直接跨越沟槽测量爬电距离和电气间隙
图 O.2 (宽沟槽)		被考虑的路径包含有一条任意深度、宽度等于或大于 X mm、槽壁平行的沟槽	电气间隙就是"视线"距离。爬电距离的路径就是沿沟槽轮廓线伸展的通路
图 O.3 (V 形沟槽)		被考虑的路径有一条内角小于 80° 和宽度大于 X mm 的 V 形沟槽	电气间隙就是"视线"距离。爬电距离的路径就是沿沟槽轮廓线伸展的通路，但沟槽底部用 X mm 的连线"短接"
图 O.4(插入的不连接的导电零部件)		具有插入的不连接的导电零部件的绝缘距离	电气间隙就是 $d+D$，爬电距离也是 $d+D$
图 O.5 (肋条)		被考虑的路径包含有一根肋条	电气间隙就是越过肋条顶部的最短直达的空间通路。爬电距离的路径就是沿肋条轮廓线伸展的路径

续表

序号	图形	条件	规则
图 O.6 (带窄沟槽的未黏合接缝)		被考虑的路径包含有一条未黏合的接缝,而在该接缝两侧各有一条宽度小于 X mm 的沟槽	电气间隙和爬电距离的路径就是如图所示的"视线"距离
图 O.7 (带宽沟槽的未黏合接缝)		被考虑的路径包含有一条未黏合的接缝,而在该接缝两侧各有一条宽度等于或大于 X mm 的沟槽	电气间隙就是"视线"距离。爬电距离的路径就是沿沟槽轮廓线伸展的路径
图 O.8 (带窄沟槽和宽沟槽的未黏合接缝)		被考虑的路径包含有一条未黏合的接缝,而在该接缝的一侧有一条宽度小于 X mm 的沟槽,在另一侧有一条宽度等于或大于 X mm 的沟槽	电气间隙和爬电距离的路径如图所示

注:本附录中全部使用下列图例:
▬▬▬ 电气间隙　▬▬▬ 爬电距离

4.4.2　试验实施

电气间隙和爬电距离的测试流程如图 4.4.7 所示。首先需要确定测量位置,然后在需要进行电压测试的不同位置分别测量电气间隙和爬电距离,测试完成后记录数据。

电气间隙和爬电距离
测试试验

图 4.4.7　电气间隙和爬电距离的测试流程

1. 试验准备

本任务准备单如表 4.4.5 所示。

表 4.4.5　本任务准备单

任务名称	电气间隙和爬电距离测试试验	
准备清单	准备内容	完成情况
测试位置	确定受试设备的测试位置,并记录到本任务工作单内	已记录(　)　未记录(　)
受试设备	确认受试设备内的电容零部件是否已放电	变压器一次侧:是(　)否(　) 变压器二次侧:是(　)否(　) 光耦一次侧:是(　)否(　) 光耦二次侧:是(　)否(　) Y 电容的两端:是(　)否(　)

续表

准备清单	准备内容	完成情况
受试设备	记录受试设备的电气间隙和爬电距离	电气间隙：＿＿＿＿＿； 爬电距离：＿＿＿＿＿
试验仪器	准备好游标卡尺	是（　）否（　）
试验环境	记录当前试验环境的温度和湿度	温度＿＿＿＿＿℃； 湿度：＿＿＿＿＿%RH
人员分工	记录小组的人员分工	安全员：＿＿＿＿＿； 操作员：＿＿＿＿＿； 记录员：＿＿＿＿＿

1) 测试位置

试验开始前，我们要先确定需要进行电气间隙和爬电距离测试的位置。常用的测试位置如表 4.3.4 所示。对于基本或者附加绝缘，测试位置一般为电源两极间、初级导线件与保护地间等。对于加强绝缘，测试位置包括变压器两极间、隔离电容器两极间、隔离光电耦合器两极间、隔离继电器两极间、隔离带中相近两点间、其他危险电压与可触及部位之间等。

本任务的受试设备为电源适配器。对于电源适配器来说，测试的主要器件为变压器的初/次级线圈、光耦、Y 电容、外壳外部。测试位置包括变压器一次侧引脚到二次侧引脚、变压器一次侧线圈到二次侧线圈、变压器一次侧线圈到铁芯、变压器二次侧线圈到铁芯、光耦一次侧引脚到二次侧引脚、变压器铁芯到外壳外部缝隙以及 Y 电容两引脚间。其电路图参考图 4.3.3。

2) 受试设备

测试前确认受试设备内部可储能的零部件已全部放电。

3) 试验仪器

本任务需要的试验仪器为游标卡尺。

2. 试验步骤

按照以下步骤进行操作和测试：

(1) 准备待测样品和游标卡尺。

(2) 按照记录的测试位置和顺序进行测试，直到所有的位置都测试完成。

(3) 记录数据到本任务工作单，并进行测试结果判断。

(4) 测试完成后，将设备进行归位。

3. 试验结果判定

判断该样品的电气间隙和爬电距离是否符合标准要求，即所有测试点的电气间隙和爬电距离都要符合标准限值。

请将试验数据和判定结果记录在如表 4.4.6 所示的本任务工作单内。

表 4.4.6　本任务工作单

试验人：		报告编号：		试验日期：　　年　　月　　日
样品编号：		环境温度：_____℃；湿度_____%RH		
检测设备：				
标准中 5.4.2 和 5.4.3	电气间隙和爬电距离测试试验			
测试点位	电气间隙/mm		爬电距离/mm	
火线到零线铜箔				
光耦初级到次级				
Y 电容初级到次级				
变压器一次侧引脚到二次侧引脚				
变压器一次侧线圈到二次侧线圈				
变压器一次侧线圈到铁芯				
变压器二次侧线圈到铁芯				
变压器铁芯到外壳外部缝隙				
[　]试验结果不合格说明：_____				

4.4.3　技能考核

本任务技能考核表如表 4.4.7 所示。

表 4.4.7　本任务技能考核表

技能考核项目	操作内容		规定分值	评分标准	得分
课前准备	阅读标准，回答信息问题，完成电气间隙和爬电距离测试试验学习单		15	根据回答信息问题的准确度，分为 15 分、12 分、9 分、6 分、3 分和 0 分几个挡。允许课后补做，分数降低一个挡	
实施及操作	计算电气间隙和爬电距离限值		35	根据标准以及工作电压测试试验结果，计算电气间隙和爬电距离限值，计算正确得 35 分，否则酌情给分	
	试验准备	准备受试设备	10	正确区分光耦、变压器、Y 电容并记录在本任务准备单内得 5 分，否则酌情给分	
		准备试验仪器		已准备好游标卡尺，并将校准日期记录到本任务准备单内得 3 分，否则酌情给分	
		记录试验环境的温度和湿度		将环境温度和湿度正确记录到本任务准备内单得 2 分，否则酌情给分	
	试验步骤	使用游标卡尺	20	正确使用游标卡尺得 10 分，否则酌情给分	
		记录数据		正确记录数据得 2 分	
		更改工作条件并记录数据		正确操作及记录数据得 8 分，否则酌情给分	

续表

技能考核项目	操作内容		规定分值	评分标准	得分
实施及操作	试验结果判定	判定样品是否合格	10	正确判定试验结果得 10 分，否则不给分	
6S 管理	现场管理		10	将设备断电、拆线和归位得 5 分； 将桌面垃圾带走、凳子归位得 5 分	
总分					

本任务整体评价表如表 4.4.8 所示。

表 4.4.8　本任务整体评价表

序号	评价项目	评价方式	得分
1	技能考核得分(60%)	教师评价	
2	小组贡献(10%)	小组成员互评	
3	试验报告完成情况(20%)	教师评价	
4	PPT 汇报(10%)	全体学生评价	

4.4.4　课后练一练

(1) 进行电气间隙和爬电距离测试试验任务时，应该注意什么？

(2) 在电气间隙和爬电距离测试试验中，我们需要测试哪些部位？请一一列举出来。

(3) 回答以下问题：
① 请列出电气间隙和爬电距离测试试验需要的设备。

② 请列出电气间隙和爬电距离测试试验结果判定合格的标准。

(4) 请解释以下术语：
① 电气间隙。

② 爬电距离。

(5) 请写出电气间隙和爬电距离测试试验的步骤。

(6) 某样品工作电压为 220 V，频率为 50/60 Hz，测得其电源变压器初级绕组 A 点与次级绕组 B 点之间的工作电压为 263 V(有效值)、710 V(峰值)。假定其污染等级为 2，当使用海拔高度为 5000 m 时，请问变压器初级与次级之间的电气间隙为多少？

(7) 请将本试验过程整理成试验报告，在一周内提交。

(8) 请完成该任务的 PPT，准备汇报。

任务 4.5　湿热处理试验

情景引入

在中学的地理课上，老师说过我国的气候特点：我国幅员辽阔，地跨众多的温度带和干湿地区，加上地形复杂，地势高低悬殊，更增加了我国气候的复杂多样性。我国根据各地不低于 10 ℃ 的积温自北向南划分为五个温度带，即寒温带、中温带、暖温带、亚热带、热带，同时另有一个独特的青藏高原气候区。按照降水量和蒸发量，我国分为湿润区、半湿润区、半干旱区和干旱区。因此，在我们国家销售和使用的电子产品，要能满足我国气候条件的要求：不仅在干燥的地区可以使用，在潮湿的地区也能正常使用；不仅在寒冷的哈尔滨可以使用，在炎热的海南地区也能正常使用。

本任务是完成湿热处理试验，请你学习标准中相关知识并完成试验，之后接受任务考核。

思政元素

通过介绍我国复杂多样的气候条件，强调电子产品设计和试验时需要考虑的国情和地域特点。这种适应性不仅体现了对我国广大消费者需求的尊重，也体现了产品设计中的包容性和多样性(社会主义核心价值观)。

讨论如何通过科技创新，使电子产品能够适应不同的气候条件，比如从寒冷的哈尔滨到炎热的海南。这种创新不仅体现在产品设计上，也体现在测试过程中，比如进行湿热测试来模拟不同环境条件下的产品性能(创新与实践)。

学习目标及学习指导

本任务学习目标及学习指导如表 4.5.1 所示。

表 4.5.1　本任务学习目标及学习指导

任务名称	湿热处理试验	预计完成时间：4 学时
知识目标	◇ 了解 GB 4943.1—2022 中的 5.4.8 湿热处理部分 ◇ 理解热带气候条件、温带气候条件、操作温度 ◇ 理解湿热处理试验电路的原理 ◇ 熟悉湿热处理试验的步骤 ◇ 掌握湿热处理试验结果的判定标准	

续表

技能目标	✧ 掌握温湿度箱、抗电强度测试仪的基本操作 ✧ 能按步骤规范完成湿热处理试验 ✧ 能正确记录试验数据：温度、湿度、时间、抗电强度 ✧ 能正确判定试验结果
素养目标	✧ 自主阅读标准中的 5.4.8 ✧ 安全地按照操作规程进行试验 ✧ 自觉保持实验室卫生、环境安全(6S 要求) ✧ 培养团队成员研讨、分工与合作的能力
学习指导	✧ 课前学：熟悉标准中的 5.4.8，完成湿热处理试验学习单 ✧ 课中做：通过观看视频和教师演示，按照步骤，安全、规范地完成试验，并完成湿热处理试验准备单和湿热处理试验工作单 ✧ 课中考：完成本任务技能考核表 ✧ 课后练：完成试验报告、课后习题和 PPT 汇报

4.5.1　相关标准及术语

为了完成本任务，请先阅读 GB 4943.1—2022 中的 5.4.8 湿热处理部分，并完成如表 4.5.2 所示的本任务学习单(课前完成)。

表 4.5.2　本任务学习单

任务名称	湿热处理试验
学习过程	回答问题
信息问题	(1) 湿热处理试验的目的是什么？ (2) 湿热处理试验需要用到哪些试验仪器？ (3) 哪些产品需要进行湿热处理试验？ (4) 假设操作温度是 30 ℃，请写出进行湿热处理的要求。 (5) 如何判定湿热处理试验结果是否合格？

1. 相关标准

以下是湿热处理试验的相关标准(摘录)。

5.4.8 湿热处理

　　湿热处理应在空气温度为(40±2)℃、相对湿度为(93±3)%的湿热箱或室内进行 120 h。在湿热处理期间,元器件或组件不通电。

　　对预定不在热带气候条件下使用的设备,湿热处理应在空气相对湿度为(93±3)%的湿热箱或室内进行 48 h。在能放置样品的所有位置上,空气温度应保持在 20 ℃~30 ℃之间不会产生凝露的任一方便的温度值(t±2)℃范围内。

　　在湿热处理前,要使样品的温度达到规定的温度 t 和(t+4)℃之间的温度。

　　注:预定在海拔 2000 m 以上至 5000 m 使用的设备,考核其绝缘材料特性所需要进行的预处理的条件和要求正在考虑中。在未得到另外的数据之前,可以使用 2000 m以下的预处理的条件和要求。

---

2 相关术语

(1) 热带气候条件(tropical climatic conditions):操作温度在 35 ℃及以上的气候条件。

(2) 温带气候条件(temperate climate):操作温度在 35 ℃以下的气候条件。

(3) 操作温度(operating temperature):制造商规定的最高环境温度。

3. 标准解读

1) 试验目的

考量产品内部绝缘材料的选择须考虑电气、热、机械强度、电压的频率及工作环境(温度、压力、湿度、污染)。天然橡胶、石棉及吸湿性材料不适合作为绝缘材料。若无法证明材料具有非吸湿性,则该吸湿性绝缘材料可由零件或组件先进行湿热处理,再进行抗电强度试验,判定其绝缘特性。

2) 试验参数

先根据操作温度确认气候条件,然后根据标准选择不同的湿度进行湿热处理。

3) 试验条件

适用于温带气候条件的产品:温度 T 为 20~30 ℃,测试持续 48 h(2 天);　适用于热带气候条件的产品:温度 T 为(40±2) ℃,测试持续 120 h(5 天)。

4) 结果判定

经过湿热处理后,产品符合抗电强度试验的要求,绝缘没有击穿。

4.5.2　试验实施

1. 试验准备

本任务准备单如表 4.5.3 所示。

表 4.5.3 本任务准备单

任务名称	湿热处理试验	
准备清单	准备内容	完成情况
受试设备	受试设备完整、无拆机	是( ) 否( )
	确认受试设备的操作温度	操作温度：_____℃
	确认湿热处理使用的温度和湿度	温度：_____℃； 湿度：_____%RH
试验仪器	准备好温湿度箱以及仪器的电源线	是( ) 否( )
	准备好抗电强度测试仪以及仪器的电源线	是( ) 否( )
	准备好秒表	是( ) 否( )
	确认温湿度箱的校准日期是否在有效期内	是( ) 否( )
	确认抗电强度测试仪的校准日期是否在有效期内	是( ) 否( )
	确认秒表的校准日期是否在有效期内	是( ) 否( )
试验环境	记录当前试验环境的温度和湿度	温度：_____℃； 湿度：_____%RH

1) 受试设备

本任务的受试设备为电源适配器，在湿热处理前需要确认受试设备是否完好，并确认产品的操作温度(厂家规定)。在湿热处理后，需要对产品进行抗电强度试验。

2) 试验位置

需要进行湿热处理的位置为整机(不含电源线)。

3) 试验仪器

本任务需要的试验仪器包括抗电强度测试仪、温湿度箱和秒表，如图 4.5.1 所示。

图 4.5.1 本任务需要的试验仪器

温湿度箱：为被测产品提供一个标准规定的温湿度环境。

仪器的校准：

(1) 确认仪器的校准日期是否在有效期内；

(2) 确认仪器是否需要自校准；

(3) 确认仪器的好坏。

4) 试验环境

湿热处理试验的电源适配器预计在国内销售，我国有部分地区处于热带，按照最严苛的条件(适用于热带气候条件)对温湿度箱进行设置:温度 T 为(40±2) ℃,相对湿度为(93±3)%,测试持续 120 h(5 天)。

2. 搭建试验电路

湿热处理试验无需搭建试验电路,湿热处理后的抗电强度试验需搭建试验电路。湿热处理试验的实物图如图 4.5.2 所示。

图 4.5.2　湿热处理试验的实物图

3. 试验步骤

(1) 将温湿度箱设置到标准要求的温湿度值,如图 4.5.3 所示。

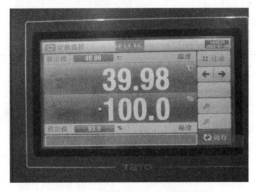

图 4.5.3　温湿度箱界面设置图

(2) 将待测样品放入温湿度箱中,并开始计时 120 h。

(3) 计时结束后,对待测样品进行处理(按照抗电强度试验的处理方式),然后将待测样品放回温湿度箱内,对产品进行抗电强度试验。

(4) 将试验条件和结果记录到本任务工作单内。

【注意事项】

在抗电强度试验电路中,用的是远远超过人体安全电压的试验电压,请注意身体的任何部位不得接触该电压,操作时应该戴好绝缘手套。

4. 试验结果判定

产品符合抗电强度试验的要求,绝缘没有击穿。

请将试验数据和判定结果记录在如表 4.5.4 所示的本任务工作单内。

表 4.5.4　本任务工作单

试验人：	报告编号：		试验日期：　　年　　月　　日
样品编号：	环境温度：_____℃；湿度：_____%RH		
检测设备：			
标准中 5.4.8	湿热处理		

在进行湿热处理前，将温湿度箱调节到指定温度 T 和$(T+4)$℃之间。

[　] 适用于非热带的产品：温度 T 为 20～30 ℃，箱内相对湿度为(93 ± 3)%，试验持续 48 h(2 天)。

[　] 适用于热带的产品：温度 T 为(40 ± 2) ℃，箱内相对湿度为(93 ± 3)%，试验持续 120 h(5 天)。

对产品在[　]恒温恒湿箱内或在[　]室内进行抗电强度试验(标准中 5.4.9)。

要求的温度/℃	实际的温度/℃	要求的湿度/%	实际的湿度/%	试验时长/h	试验开始时间	试验结束时间
		93 ± 3				

判定：

【有】【没有】电介质击穿的现象

4.5.3　技能考核

本任务技能考核表如表 4.5.5 所示。

表 4.5.5　本任务技能考核表

技能考核项目	操作内容		规定分值	评分标准	得分
课前准备	阅读标准,回答信息问题,完成湿热处理试验学习单		15	根据回答信息问题的准确度,分为 15 分、12 分、9 分、6 分、3 分和 0 分几个挡。允许课后补做,分数降低一个挡	
实施及操作	试验准备	准备受试设备	15	受试设备的连接线处理符合要求,正确区分正负极,并记录在本任务准备单内得 5 分,否则酌情给分	
		准备连接线		受试设备的连接线处理符合要求,正确区分火线、零线和地线,并记录在本任务准备单内得 5 分,否则酌情给分	
		准备试验仪器		已准备好试验仪器以及连接线,并将校准日期记录到本任务准备单内得 3 分,否则酌情给分	
		记录试验环境的温度和湿度		将环境温度和湿度正确记录到本任务准备单内得 2 分,否则酌情给分	

续表

技能考核项目		操作内容	规定分值	评分标准	得分
实施及操作	搭建试验电路	检查电路	10	整体电路连通性检查无误得 10 分，否则酌情给分	
	试验步骤	设置温湿度箱	40	正确设置温湿度箱得 10 分，电源接错得 0 分	
		进行抗电强度试验		正常进行抗电强度试验，并记录在本任务工作单内得 20 分，否则酌情给分	
		记录数据		正确记录数据得 2 分	
		更改工作条件并记录数据		正确操作及记录数据得 8 分，否则酌情给分	
	试验结果判定	判定样品是否合格	10	正确判定试验结果得 10 分，否则不给分	
6S 管理		现场管理	10	将设备断电、拆线和归位得 5 分；将桌面垃圾带走、凳子归位得 5 分	
总分					

本任务整体评价表如表 4.5.6 所示。

表 4.5.6　本任务整体评价表

序号	评价项目	评价方式	得分
1	技能考核得分(60%)	教师评价	
2	小组贡献(10%)	小组成员互评	
3	试验报告完成情况(20%)	教师评价	
4	PPT 汇报(10%)	全体学生评价	

4.5.4　课后练一练

(1) 一个普通适配器，操作温度是 40 ℃，请列出湿热处理的条件。

(2) 请回答以下问题。

① 请列出湿热处理试验结果判定合格的标准。

② 什么样的产品需要考虑湿热处理?

(3) 请解释以下术语。

① 热带气候条件。

② 操作温度。

(4) 请写出湿热处理试验的步骤。

(5) 请将本试验过程整理成试验报告,在一周内提交。

(6) 请完成该任务的 PPT,准备汇报。

任务4.6 抗电强度试验

情景引入

电子产品在工作的时候,是通过电源插座连接到电源电网的。其实,电源电网的电压也会受到不同因素的干扰,例如雷电,开关功率器件的频繁开关、接通,从而产生波动。这个波动有时候会很大,这要求电子产品要有一定的耐压能力。

本任务是完成抗电强度试验,请你学习标准中相关知识并完成试验,之后接受任务考核。

思政元素

通过电子产品在应对电压波动时需要具备的耐压能力,比喻人在面对生活和工作中的困难与挑战时所需的抗压能力,强调在逆境中保持乐观、坚韧不拔的态度,不断学习和提升自我,以更好地应对各种挑战(人生观教育)。

学习目标及学习指导

本任务学习目标及学习指导如表 4.6.1 所示。

表 4.6.1　本任务学习目标及学习指导

任务名称	抗电强度试验	预计完成时间：4 学时
知识目标	✧ 了解 GB 4943.1—2022 中的 5.4.9 抗电强度试验部分 ✧ 理解固体绝缘、型式试验、抽样试验、例行试验、要求的抗电强度和工作电压 ✧ 理解抗电强度试验电路的原理 ✧ 熟悉抗电强度试验的步骤 ✧ 掌握抗电强度试验结果的判定标准	
技能目标	✧ 掌握交流电源、功率计和电子负载仪器的基本操作 ✧ 会搭建抗电强度试验电路 ✧ 能按步骤规范完成抗电强度试验 ✧ 能正确记录试验数据：电压、电流、频率 ✧ 能正确判定试验结果	
素养目标	✧ 自主阅读标准中的 5.4.9 ✧ 安全地按照操作规程进行试验 ✧ 自觉保持实验室卫生、环境安全(6S 要求) ✧ 培养团队成员研讨、分工与合作的能力 ✧ 试验数据和结果不抄袭、不作假	
学习指导	✧ 课前学：熟悉标准中的 5.4.9，完成抗电强度试验学习单 ✧ 课中做：通过观看视频和教师演示，按照步骤，安全、规范地完成试验，并完成抗电强度试验准备单和抗电强度试验工作单 ✧ 课中考：完成本任务技能考核表 ✧ 课后练：完成试验报告、课后习题和 PPT 汇报	

4.6.1　相关标准及术语

为了完成本任务，请先阅读 GB 4943.1—2022 中的 5.4.9 抗电强度试验部分，并完成如表 4.6.2 所示的本任务学习单(课前完成)。

表 4.6.2　本任务学习单

任务名称	抗电强度试验
学习过程	回答问题
信息问题	(1) 抗电强度试验应该在什么试验后进行？ (2) 设备内部的零部件进行抗电强度试验时有何要求？

学习过程	回答问题
	(3) 抗电强度试验的电压大小如何确定？
	(4) 抗电强度试验电压的属性、变化、测试时间有何要求？
	(5) 对于可接触绝缘表面，在进行抗电强度试验时应加上哪种材料？
	(6) 抗电强度试验结果的判定标准是什么？

1. 相关标准

以下是抗电强度试验的相关标准(摘录)。

5.4.9 抗电强度试验

5.4.9.1 固体绝缘型式试验的试验程序

除非另有规定，符合性要按如下之一的规定来检验：

——在 5.4.1.4 的温度试验后立即进行；或

——如果元器件或组件在设备外单独进行试验，则在进行抗电强度试验前，要使元器件或部件的温度达到在 5.4.1.4 的温度试验期间该零部件达到的温度(例如，将元器件或部件放在烘箱内)。

作为替代，对附加绝缘或加强绝缘的薄层材料允许在室温下进行试验。

除非另有规定，基本绝缘、附加绝缘或加强绝缘的抗电强度试验电压是下列三种方法中的最高的试验电压值：

——方法 1：使用要求的耐压(根据来自交流电网电源或直流电网电源，或来自外部电路的瞬态电压来确定)，按表 25 确定试验电压。

——方法 2：使用跨在电气间隙上的工作电压的峰值或重复性峰值电压中的较高者，按表 26 确定试验电压。

——方法 3：使用标称交流电网电源电压(包含暂态过电压)，按表 27 确定试验电压。

绝缘要按下列规定承受最高的试验电压：

——施加频率为 50 Hz 或 60 Hz、基本上为正弦波形的交流电压；或

——按以下规定的时间施加直流电压。

施加到受试绝缘上的电压从零逐渐升高到规定的电压，并在该电压值上保持 60 s(对例行试验，见 5.4.9.2)。

必要时，绝缘应连同与绝缘表面接触在一起的金属箔一同试验。本试验方法限于绝缘可能是薄弱的部位(例如，在绝缘下面有尖锐的金属棱边的部位)。如果实际可行，绝缘衬里要单独进行试验。要注意放置金属箔的位置，使绝缘的边缘不发生闪络。如果使用黏合性金属箔，则黏合剂应是导电的。

为了避免损坏与本试验无关的元器件或绝缘，可以将 IC 或类似的电路断开，也可以采

用等电位连接。试验时，符合 G.8 的压敏电阻器可以拆除。

对包含有基本绝缘和附加绝缘与加强绝缘并联的设备，要注意施加到加强绝缘上的电压不要使基本绝缘或附加绝缘承受过高的电压应力。

如果电容器与受试绝缘并联(例如，射频滤波电容器)并且可能影响试验结果，则应使用直流试验电压。

与受试绝缘并联提供直流通路的元器件，例如滤波电容器的放电电阻器和限压器件可以断开。

如果变压器绕组的绝缘是按 5.4.1.6 沿绕组的长度而改变的，则要使用对绝缘施加相应应力的抗电强度试验方法。

示例： 这种试验方法的例子是，在频率足够高以避免变压器磁饱和的条件下进行的感应电压试验。输入电压要升高到能感应出等于要求的试验电压的输出电压。

试验期间应无绝缘击穿。当由于加上试验电压而引起的电流以失控的方式迅速增大，即绝缘无法限制电流时，则认为已发生绝缘击穿。电晕放电或单次瞬间闪络不认为是绝缘击穿。

表 25　基于瞬态电压的抗电强度试验电压

要求的耐压(峰值)/kV 小于或等于	基本绝缘或附加绝缘的试验电压 (峰值或直流)/kV	加强绝缘的试验电压 (峰值或直流)/kV
0.33	0.33	0.5
0.5	0.5	0.8
0.8	0.8	1.5
1.5	1.5	2.5
2.5	2.5	4
4	4	6
6	6	8
8	8	12
12	12	18
U_R[a]	U_R[a]	$1.5 \times U_R$[a]
允许在最近的两点之间使用线性内插法		
[a] U_R 是高于 12 kV 的任何要求的耐压。		

表 26　基于工作电压的峰值和重复性峰值电压的抗电强度试验电压

电压(峰值)/kV 小于或等于	基本绝缘或附加绝缘的试验电压 (峰值或直流)/kV	加强绝缘的试验电压 (峰值或直流)/kV
0.33	0.43	0.53
0.5	0.65	0.8
0.8	1.04	1.28

续表

电压(峰值)/kV 小于或等于	基本绝缘或附加绝缘的试验电压 (峰值或直流)/kV	加强绝缘的试验电压 (峰值或直流)/kV
1.5	1.95	2.4
2.5	3.25	4
4	5.2	6.4
6	7.8	9.6
8	10.4	12.8
12	15.6	19.2
$U_P{}^a$	$1.3\times U_P{}^a$	$1.6\times U_P{}^a$
允许在最近的两点之间使用线性内插法		
^aU_P 是高于 12 kV 的任何电压。		

表 27　基于暂态过电压的抗电强度试验电压

标称电网电源电压(有效值)/V	基本绝缘或附加绝缘的试验电压 (峰值或直流)/kV	加强绝缘的试验电压 (峰值或直流)/kV
≤250	2	4
>250～≤600	2.5	5

2. 相关术语

(1) 固体绝缘 (solid insulation)：完全由固体材料构成的绝缘。

(2) 型式试验(type test)：为确定其设计和制造是否能符合 GB 4943.1—2022 的要求而对有代表性的样品所进行的试验。

(3) 抽样试验(sampling test)：从一批设备中随机抽取若干个设备所进行的试验。

(4) 例行试验(routine test)：对每个设备在制造中或制造后进行的试验，以判断其是否符合某些准则。

(5) 要求的抗电强度(required withstand voltage)：所考虑的绝缘需要承受的峰值电压。

(6) 工作电压(working voltage)：在正常工作条件下，以额定电压或额定电压范围内的任何电压对设备供电时，任何特定绝缘上的电压。

3. 标准解读

抗电强度是指待测物输入端与输出端之间的绝缘、输入端与外壳之间的绝缘所能承受的高电压，也叫作绝缘抗电强度。抗电强度越高，绝缘效果越好，绝缘等级越高。

1) 试验目的

电气产品和设备在长期的工作中，不仅要承受额定工作电压的作用，还要承受操作过程中短时间的过电压作用(如雷电、天体干扰输电线等产生的瞬态感应电压；同一电网中各种开关电器、功率器件频繁接通与断开产生的叠加在正常正弦电压上的杂波干扰电压；系统中设备故障致使设备受到的过电压)。这些过电压会通过配电系统进入设备的电源线上，而配电系统的所有绝缘(包括产品的内部绝缘)，都必须具有足够的抗电强度以承受系统过电压。在这些电压的作用下，电气绝缘材料的内部结构将发生变化，当电场强度达到某一定值后，就会使绝缘击穿，操作者就有可能触电而危及自身安全。

抗电强度试验就是衡量电气产品和设备的绝缘在电场作用下的耐击穿能力，实际上考核的是产品和设备中绝缘材料的性能、元器件的绝缘性能以及元器件的排列及结构的安全合理性。

2) 试验原理

由抗电强度测试仪提供一个恒定电压源(交流或者直流)，要求此电压为高于被测产品正常工作电压的异常电压(根据标准来确定)，并施加在被测产品上，在持续测试一段规定的时间后，根据漏电流的大小，即有无绝缘崩溃情形，来判定产品是否合格。抗电强度试验的原理如图 4.6.1 所示。其中，V_i 表示抗电强度测试仪设定的电压，R_i 表示抗电强度测试仪的内阻，R_e 表示待测样品绝缘材料的电阻。

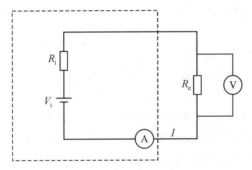

图 4.6.1　抗电强度试验的原理

3) 试验温湿度条件

根据标准，在标准中 5.4.1.4 的温度试验后立刻进行本试验。对零部件单独进行试验时，需要使零部件的温度达到温升试验过程中达到的温度。例如：将零部件放在烘箱内。

此外，在标准中 5.4 绝缘材料和要求中提到："如果材料数据不能证明该材料是非吸湿的材料，则必要时，通过对使用上述绝缘的元器件或组件进行 5.4.8 的湿热处理来确定该材料的吸湿性。湿热处理后绝缘还在湿热箱内时或者在能使样品达到规定温度的房间内承受 5.4.9.1 规定的抗电强度试验。"

因此，如果不能证明材料是非吸湿性的，则在进行抗电强度试验前，还需要进行温度试验和湿热处理试验。

4) 试验样品的处理

(1) 对绝缘材料外壳，应将金属箔贴在可触及零部件上。使用带背胶的金属箔时，应选择背胶为导电胶的型号。对非导电零部件的试验，应使金属箔覆盖到零部件表面，模拟人手触摸该零部件的状态。

(2) 按照标准要求，对可能影响试验结果的元器件，要采取必要的措施(例如将元器件断开、对射频滤波电容采用直流电压等)，以减少对结果的不利影响。

(3) 抗电强度试验测试的部位主要有：

① 火线/零线(L/N 极)到地之间；

② 火线/零线(L/N 极)到输出端子之间；

③ 火线/零线(L/N 极)到金属外壳或用金属箔包裹的塑料外壳之间；

④ 变压器初级到次级；

⑤ 变压器初级到铁芯；

⑥ 变压器次级到铁芯。

5) 试验电压的要求

(1) 试验电压的确定：根据标准，抗电强度试验电压是在标准中的方法 1～3 中取最高的电压值。注意在标准中表 26 给出的是工作电压的峰值，而不是额定电压的峰值。同样地，在标准中表 27 给出的是电网电源电压的有效值，而不是额定电压的有效值。

下面我们举例来说明如何确定试验电压。

例 4.6.1 评估一个在 100～240 V(交流电源)、60 Hz 条件下使用的隔离变压器要求的抗电强度设定值(抗电强度值)，包括一次侧到二次侧以及一次侧到保护接地的试验电压。假设变压器的过电压类别为 Ⅱ，最大的工作电压为 331 V(有效值)、830 V(峰值)。

分析：

① 一次侧到二次侧(加强绝缘)。

先根据电源的额定电压(100～240 V)查询标准中的表 12，得到其瞬态电压为 2.5 kV。

方法 1：根据瞬态电压、绝缘类型(加强绝缘)查询标准中的表 25，得到试验电压为 4kV。

方法 2：根据工作电压的峰值(830 V)查询标准中的表 26，得到试验电压为 2.4 kV。

方法 3：根据标称电网电源电压(220 V)查询标准中的表 27，得到试验电压为 4 kV。

因此，最终得到待测样品的试验电压为 4 kV。

② 一次侧到保护接地(基本绝缘)。

用同样的方法查询标准中的表 25、表 26 和表 27，得到的试验电压分别为 2.5 kV、1.95 kV 和 2 kV。因此，最终得到待测样品的试验电压为 2.5 kV。

(2) 试验电压的属性：一种是直流抗电强度试验；另一种是交流工频(50/60 Hz)抗电强度试验。

(3) 试验电压的变化要求：施加到受试绝缘上的电压从零逐渐升高到规定的电压。

(4) 试验电压的测试时间：60 s。

6) 合格判定

试验期间应当无绝缘击穿。当由于加上试验电压而引起的电流以失控的方式迅速增大，即绝缘无法限制电流时，则认为已发生绝缘击穿。电晕放电或单次瞬间闪络不认为是绝缘击穿。

注：对于是否击穿应由设定的泄漏电流的大小决定，而泄漏电流大小在标准中并没有规定。个别其他标准会有说明，例如 UL 对于灯具要求的泄漏电流上限是 5 mA，VDE、SAA 为 10 mA。

4.6.2　试验实施

1. 试验准备

本任务准备单如表 4.6.3 所示。

抗电强度试验

表 4.6.3　本任务准备单

任务名称	抗电强度试验	
准备清单	准备内容	完成情况
受试设备	受试设备完整、无拆机	是(　) 否(　)
	受试设备的输出剥线已处理好	是(　) 否(　)
	连接受试设备的插头 L、N 极已做短路处理	是(　) 否(　)
	记录受试设备的输入电压、频率和电流以及输出电流	输入电压：_____V； 输入频率：_____Hz； 输入电流：_____A
		输出电流：_____A
	将受试设备需要试验的工作条件(输入电压、频率)记录到本任务工作单内	已记录(　) 未记录(　)
试验仪器	准备好抗电强度测试仪以及仪器的电源线、正负连接端子	是(　) 否(　)
	确认抗电强度测试仪的校准日期是否在有效期内	是(　) 否(　)
试验环境	记录当前试验环境的温度和湿度	温度：_____℃； 湿度：_____%RH

1) 受试设备

抗电强度试验的受试设备为电源适配器，如图 4.6.2 所示。在试验之前，我们需要将受试设备的外壳用 10 cm×20 cm 的金属箔包裹/贴起来。

图 4.6.2　抗电强度试验的受试设备

2) 试验位置

电源适配器的额定电压为 100～240 V、额定频率为 50/60 Hz，电网电源电压为 220 V(有效值)。先确定以下位置的试验电压：

(1) L/N 极与地(金属壳)之间(基本绝缘)；

(2) L/N 极与塑料壳(加金属箔)之间(加强绝缘)；

(3) L/N 极与输出之间(加强绝缘)。

因此，在试验之前，我们需要把电源适配器的电源插头的 L/N 极用导线缠绕起来。

3) 试验仪器

本任务需要的试验仪器包括抗电强度测试仪、绝缘手套和秒表，如图 4.6.3 和图 4.6.4 所示。

图 4.6.3　抗电强度测试仪

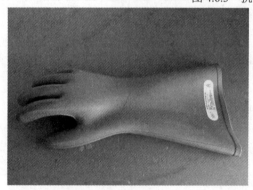

(a) 绝缘手套

(b) 秒表

图 4.6.4　绝缘手套和秒表

抗电强度测试仪：为受试设备提供一个恒定电压源(交流或者直流)，持续 60 s。在本任务中，抗电强度测试仪为受试设备提供不同的恒定电压源。

绝缘手套：保护操作人员。操作人员在操作时需全程佩戴绝缘手套，保护自身安全。

秒表：用来计时(在 5 s 内将电压调节至试验电压)。

仪器的校准：

(1) 确认仪器的校准日期是否在有效期内。

(2) 确认仪器是否需要自校准。

(3) 确认仪器的好坏。

4) 试验环境

要求在温度试验和湿热处理试验后立刻进行本试验。

2. 搭建试验电路

将抗电强度测试仪的输出端接入待测样品的待测位置(例如，L/N 极和外壳之间)，得到抗电强度试验的实际电路图如图 4.6.5 所示。

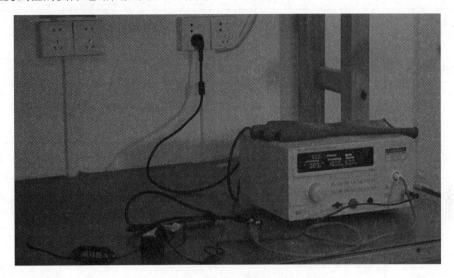

图 4.6.5　抗电强度试验的实际电路图

【注意事项】

在抗电强度试验电路中，用的是远远超过人体安全电压的试验电压，身体的任何部位不得接触该电压，操作时应该戴好绝缘手套。

3. 试验步骤

在试验之前，先进行温度试验或者湿热处理试验。电源适配器应在热稳定的状态下。具体试验步骤如下。

(1) 先上电确认所使用的适配器是否正常工作。

(2) 适配器上所有开关、继电器、接触器等效电路或部件都必须要接通，待测样品内有影响绝缘的零部件需要提前拆除。例如：符合要求的压敏电阻、防雷管。

(3) 开启抗电强度测试仪，将抗电强度测试仪的正负连接端子分别连接至测试点位置(例如，L/N 极和输出之间)，并固定好连接端子，以免试验中脱落。

(4) 调节抗电强度测试仪，调试电压上限、电流上限和下限，将时间调为 60 s。

(5) 按下抗电强度测试仪开始键，在 5 s 内将电压调节到试验所需的电压，等待仪器测试结束。

(6) 观察并记录试验结果。

4. 试验结果判定

根据本任务工作单内记录的试验数据，判断该样品是否通过抗电强度试验。本任务中，以受试设备有无绝缘击穿情况来判定试验是否合格。若无绝缘击穿的情况，则视为试验合格。

请将试验数据和判定结果记录在如表 4.6.4 所示的本任务工作单内。

表 4.6.4　本任务工作单

试验人：		报告编号：		试验日期：　　　年　　月　　日	
样品编号：		环境温度：_____℃；湿度：_____%RH			
检测设备：					
标准中 5.4.9	抗电强度试验				
受试设备额定值	电压：_____V		频率：_____Hz		电流：_____A
受试设备试验条件	一次侧到二次侧	电压：_____V		频率：_____Hz	
	一次侧到保护接地	电压：_____V		频率：_____Hz	
	二次侧到保护接地	电压：_____V		频率：_____Hz	
	变压器初级到次级	电压：_____V		频率：_____Hz	
	变压器初级到铁芯	电压：_____V		频率：_____Hz	
	变压器次级到铁芯	电压：_____V		频率：_____Hz	
判断设备是否有绝缘击穿的情况： 是(　　)；否(　　) 试验结果不合格说明：_____					

4.6.3　技能考核

本任务技能考核表如表 4.6.5 所示。

表 4.6.5　本任务技能考核表

技能考核项目	操作内容		规定分值	评分标准	得分
课前准备	阅读标准，回答信息问题，完成抗电强度试验学习单		15	根据回答信息问题的准确度，分为15分、12分、9分、6分、3分和0分几个挡。允许课后补做，分数降低一个挡	
实施及操作	试验准备	准备受试设备	15	受试设备的连接线处理符合要求，并记录在本任务准备单内得5分，否则酌情给分	
		准备连接线		测试使用的连接线处理符合要求得5分，否则酌情给分	
		准备试验仪器		已准备好试验仪器以及连接线，并将校准日期记录到本任务准备单内得3分，否则酌情给分	
		记录试验环境的温度和湿度		将环境温度和湿度正确记录到本任务准备单内得2分，否则酌情给分	

续表

技能考核项目	操作内容		规定分值	评分标准	得分
实施及操作	搭建试验电路	抗电强度测试仪接线	30	测试仪正确接线得 15 分，输入输出接反扣 10 分，戴绝缘手套操作得 5 分	
		搭建电路时，所有线材与受试设备置于绝缘桌垫上		准备无误得 10 分，线材置于绝缘桌垫上得 5 分，受试设备置于绝缘桌垫上得 5 分，否则酌情给分	
		检查电路		整体电路连通性检查无误得 5 分，否则酌情给分	
	试验步骤	设置工作条件	20	设置抗电强度测试仪的电压、电流和时间，并记录在本任务工作单内得 10 分，否则酌情给分	
		记录数据		正确记录数据得 2 分	
		更改工作条件，对所有测试组合做试验，并记录数据		正确操作及记录数据得 8 分，否则酌情给分	
	试验结果判定	判定样品是否合格	10	正确判定试验结果得 10 分，否则不给分	
6S 管理	现场管理		10	将设备断电、拆线和归位得 5 分；将桌面垃圾带走、凳子归位得 5 分	
总分					

本任务整体评价表如表 4.6.6 所示。

表 4.6.6 本任务整体评价表

序号	评价项目	评价方式	得分
1	技能考核得分(60%)	教师评价	
2	小组贡献(10%)	小组成员互评	
3	试验报告完成情况(20%)	教师评价	
4	PPT 汇报(10%)	全体学生评价	

4.6.4 课后练一练

1. 单选题

(1) 若有一个适配器的额定输入电压为 220 V，则在抗电强度试验中，对于加强绝缘需要的试验电压为(　　)。

A. 0.5 kV　　　　　　　B. 0.53 kV　　　　　　　C. 4 kV　　　　　　　D. 5 kV

(2) 一个普通适配器，额定输入电压为 100～240 V(交流电源)，额定输入频率为 50/60 Hz。进行抗电强度试验时，以下哪些数据是该适配器可以使用的？(　)

A. 交流电压 4 kV，频率 50 Hz　　　　B. 直流电压 4 kV

C. 交流电压 2.5 kV，频率 60 Hz　　　　D. 直流电压 2.5 kV

(3) 一个电源适配器进行抗电强度试验，以下哪些部位需要试验(不考虑变压器)?(　)

A. L/N 极与地之间　　　　B. L/N 极与塑料壳之间

C. L/N 极与输出之间　　　　D. 初级到次级之间

2. 判断题

(1) 施加到受试绝缘上的电压可以快速升高到规定的电压。(　)

(2) 抗电强度试验期间需全程佩戴绝缘手套。(　)

(3) 若抗电强度试验期间出现电晕放电或单次瞬间闪络,可以认为该试验不合格。(　)

(4) 对于绝缘材料外壳，需在外壳包裹金属箔才能进行抗电强度试验。(　)

3. 简答题

(1) 请写出抗电强度试验的步骤。

(2) 请写出抗电强度试验结果判定合格的标准。

(3) 请将本试验过程整理成试验报告，在一周内提交。

(4) 请完成该任务的 PPT，准备汇报。

任务 4.7　断开连接器后电容器的放电试验

情景引入

在任务开始前，一位同学分享了自己的一个疑惑："上次我做完试验，把电源适配器的插头拔出来，还放置了几分钟后，准备将其收拾归位。结果，我刚一触摸到电源适配器，就被电到了，整个手臂都有麻麻的感觉。为什么都已经断电了，还会被电到？"

张工回答："其实，在一些电子产品内部存在着电容器，这些电容器会存储电量，拔下插头后，需要一些时间来释放电量。为了保障用户的安全，标准中对电容器放电的时间等都有相关规定。不过，你刚刚描述的情况，是因为前面我们进行了拆机试验，有可能已经破坏了电源适配器的电路，情况就更复杂了。下次在收拾现场的环节也要按要求戴好绝缘手套。"

本任务是完成断开连接器后电容器的放电试验,请你学习标准中相关知识并完成试验,之后接受任务考核。

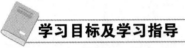

思政元素

通过某同学在试验后触摸电源适配器被电到的经历,强调在进行电子设备的试验和使用时必须增强安全意识,采取必要的防范措施,如佩戴绝缘手套。这不仅是个人安全的需要,也是安全操作规范的要求(安全意识与防范)。

通过学习断开连接器后电容器的放电试验原理和步骤,培养学生的科学探究精神和试验操作能力。鼓励学生通过试验来验证理论,理解电容器存储电量和放电的物理现象以及这一现象对电子产品安全性的影响(创新与实践)。

学习目标及学习指导

本任务学习目标及学习指导如表 4.7.1 所示。

表 4.7.1　本任务学习目标及学习指导

任务名称	断开连接器后电容器的放电试验	预计完成时间: 4 学时
知识目标	◇ 了解 GB 4943.1—2022 中的 5.5.2.2 断开连接器后电容器的放电部分 ◇ 理解电容器的放电 ◇ 熟悉电能量源的分级:ES1、ES2、ES3 ◇ 理解断开连接器后电容器的放电试验的原理 ◇ 熟悉断开连接器后电容器的放电试验的步骤 ◇ 掌握断开连接器后电容器的放电试验结果的判定标准	
技能目标	◇ 掌握示波器的基本操作 ◇ 会搭建断开连接器后电容器的放电试验电路 ◇ 能按步骤规范完成断开连接器后电容器的放电试验 ◇ 能正确记录试验数据 ◇ 能正确判定试验结果	
素养目标	◇ 自主阅读标准中的 5.5.2.2 ◇ 安全地按照操作规程进行试验 ◇ 自觉保持实验室卫生、环境安全(6S 要求) ◇ 培养团队成员研讨、分工与合作的能力	
学习指导	◇ 课前学:熟悉标准中的 5.5.2.2,完成断开连接器后电容器的放电试验学习单 ◇ 课中做:通过观看视频和教师演示,按照步骤,安全、规范地完成试验,并完成断开连接器后电容器的放电试验准备单和工作单 ◇ 课中考:完成本任务技能考核表 ◇ 课后练:完成试验报告、课后习题和 PPT 汇报	

4.7.1　相关标准及术语

为了完成本任务，请先阅读 GB 4943.1—2022 中的 5.5.2.2 断开连接器后电容器的放电部分，并完成如表 4.7.2 所示的本任务学习单(课前完成)。

表 4.7.2　本任务学习单

任务名称	断开连接器后电容器的放电试验
学习过程	回答问题
信息问题	(1) 什么情况下需要进行断开连接器后电容器的放电试验？ (2) 要求测量连接器断开后多长时间的电压值？ (3) 断开连接器后电容器的放电试验结果判定合格的标准是什么？ (4) 如果被测设备带开关，试验时应如何处理？

1.相关标准

以下是断开连接器后电容器的放电试验相关标准(摘录)。

5.5.2.2 断开连接器后电容器的放电

如果断开连接器(例如，电网电源连接器)会使电容器电压成为可触及的，则在断开连接器后 2 s 时测得的可触及电压应符合以下要求：

——正常工作条件下，对一般人员，符合表 5 中 ES1 的限值；

——正常工作条件下，对受过培训的人员，符合表 5 中 ES2 的限值；

——单一故障条件下，对一般人员和受过培训的人员，符合表 5 中 ES2 的限值。

用作电容器放电安全防护的电阻器或电阻器组如果符合 5.5.6，则不需要承受模拟单一故障条件。

如果使用具有电容放电功能的 IC(ICX)来满足上述要求，则：

——在 ICX 单一故障条件下或在相关的电容器放电电路中任何一个元器件的单一故障条件下，可触及电压(例如，在电网电源连接器处)应不超过以上给出的限值；或

——ICX 连同设备内提供的相关电路应符合 G.16 的要求。任何脉冲衰减元器件(例如压敏电阻器和 GDT)要断开；或

——三个 ICX 的样品单独试验应符合 G.16 的要求。

使用输入阻抗由一个 100 MΩ±5 MΩ 的电阻器和一个输入电容量为 25 pF 或更小的电容器并联组成的仪器进行测量。

如果开关(例如，电网电源开关)对试验结果有影响，则将其置于最不利位置上进行试验。通常当受试设备中的输入电容器被充电至峰值时断开连接器(放电时间开始)。

也可以使用能给出类似上述方法结果的其他方法。

---

2. 相关术语

电容器的放电(discharge of capacitors)：电容器在充电后，通过外部电路释放存储电荷的过程。

3. 标准解读

1) 试验目的

设备内部电容器的储能，使得电路在断电后人可接触到的导体部分的电压(如电源插头的火线、零线、地之间的任意两两组合)不能立刻下降到人体可承受的电压值以下，从而产生电击危险。电容容量越大，存在电击危险的可能性越大。从防电击保护的目的出发，对一般人员可能接触到产品的供电端子或受过培训的人员打开机器外壳后接触到内部的电路导体，要求在产品断电后规定的时间内，一般人员或受过培训的人员能够接触到的导体部分的残余电压需要满足相关产品安全标准要求。

防电击保护的分类、试验类型

2) 适用的设备/元器件

如果断开连接器会使电容器电压成为可触及的，则需要做断开连接器后电容器的放电试验。

一般情形下，我们需要测试电子产品中的安规电容。安规电容适用场合：当电容器失效后，不会导致电击危及人身安全。安规电容与一般阻容元件特性不同，一般阻容元件失效后为短路模式，安规电容失效后为开路模式。

安规电容包括 X 电容和 Y 电容。X 电容通常是跨接在交流电网电源 L 极与 N 极之间的电容，一般选用金属薄膜电容；Y 电容是分别跨接在交流电网电源和地(L 极与 G 极，N 极与 G 极)之间的电容，一般成对出现。基于漏电流的限制，Y 电容值不能太大，一般 X 电容是 μF 级，Y 电容是 nF 级。X 电容主要抑制差模干扰，Y 电容主要抑制共模干扰。在如图 4.7.1 所示的电路图中，方框内的为 X 电容，圆圈内的为 Y 电容。

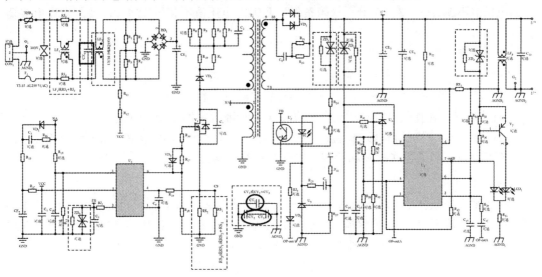

图 4.7.1　X 电容和 Y 电容

3) 电能量源的分级

在标准中，电能量源分成三级，分别为 ES1、ES2 和 ES3(标准中 5.2.1)，如表 4.7.3 所示。

表 4.7.3　电能量源的分级

电能量源	电流或电压水平满足的条件
ES1	——在下述条件下不超过 ES1 限值： · 正常工作条件下，和 · 异常工作条件下，和 · 不用做安全防护的元器件、装置或绝缘的单一故障条件下；和 ——在基本安全防护或附加安全防护的单一故障条件下不超过 ES2 限值
ES2	——电压和电流都超过 ES1 限值，和 ——在下述条件下，电压或电流不超过 ES2 限值： · 正常工作条件下，和 · 异常工作条件下，和 · 单一故障条件下
ES3	电压和电流都超过 ES2 限值

　　在断开连接器后电容器的放电试验中，电能量源为电容器。因此，我们要按照标准中 5.2.2.3 "如果电能量源是一个电容器，则要根据其充电电压和电容量来划分该能量源的级别。电容量是电容器的电容量额定值加规定的容差。对各种电容量值，ES1 和 ES2 限值在表 5 中列出"判断电能量源的级别。在试验时，根据电容的大小和设备断开 2 s 时的电压值查询标准中表 5 得到相应的电能量源级别，从而判断待测样品是否通过断开连接器后电容器的放电试验。

　　例如，一个安规电容器的电容量为 330 nF，如果在正常工作条件和异常工作条件下测得的电压值不超过 60 V、在单一故障条件下测得的电压值不超过 120 V，就判定该电容器合格。

　　【注意事项】

　　(1) 断开连接器 2 s 后获得电压值，一般用示波器进行观察。

　　(2) 需要在正常工作条件和单一故障条件下进行试验。

　　(3) 如果 IC 具有电容放电功能，则需要满足标准规定的 3 个条件之一。

　　(4) 如果开关对试验有影响，标准要求将其置于"最不利的位置"进行试验。在实际中，如果不好判断，则需要在打开和关闭情况下都进行试验。

　　4) 合格判定

　　在正常工作条件下，对一般人员，测得断开连接器 2 s 后的电压符合标准中表 5 ES1 的限值；对受过培训的人员，测得断开连接器 2 s 后的电压符合标准中表 5 ES2 的限值。在单一故障条件下，测得断开连接器 2 s 后的电压符合标准中表 5 ES2 的限值。

　　一般产品的 X 电容不会低于 300 nF，因此满足以下要求即可：

　　(1) 正常工作条件下，对一般人员，电压在 60 V 以下；对受过培训的人员，电压在 120 V 以下。

　　(2) 单一故障条件下，对一般人员和受过培训的人员，电压在 120 V 以下。

4.7.2　试验实施

断开连接器后电
容器的放电试验

1. 试验准备

本任务准备单如表 4.7.4 所示。

表 4.7.4　本任务准备单

任务名称	断开连接器后电容器的放电试验	
准备清单	准备内容	完成情况
受试设备	受试设备完整(包含电源线)、无拆机	是(　)　否(　)
	准备好与受试设备连接的电源线	是(　)　否(　)
	记录待测样品的电压范围、频率和电容	电压范围：_____V； 频率：_____Hz； 电容：_____F
	测试并记录试验治具的引出线 L 极、N 极	L 极：____色； N 极：____色
	准备好功率计输出端连接头	是(　)　否(　)
试验仪器	准备好示波器以及探棒	是(　)　否(　)
	准备好电压源以及仪器的电源线	是(　)　否(　)
	准备好功率计以及仪器的电源线	是(　)　否(　)
	确认功率计的校准日期是否在有效期内	是(　)　否(　)
	确认示波器的校准日期是否在有效期内	是(　)　否(　)
试验环境	记录当前试验环境的温度和湿度	温度：_____℃； 湿度：_____%RH

1) 受试设备

(1) 确认电源适配器是否完好，能否正常工作。

(2) 确认受试设备是否有跨接在零线和火线上的电容器(一般是 X 电容)，并将该电容器的两个引脚引出来，方便后续进行试验。在本任务中，受试设备中存在安规电容器，如图 4.7.2 所示。我们需要测量该电容器是否满足标准要求。

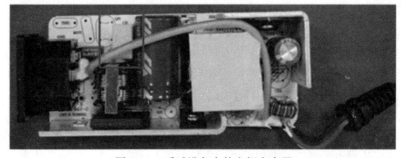

图 4.7.2　受试设备中的安规电容器

(3) 确认受试设备是否有跨接在电容器两端上的压敏电阻，若有，则需将此压敏电阻断开后再进行试验。在本任务中，受试设备没有压敏电阻，因此不需要操作。

(4) 对受试设备的零线和火线进行引线处理或者采用试验治具，方便后续进行试验。这里，我们采用试验治具。

2) 试验仪器

(1) 本任务需要的试验仪器包括交流电源、功率计、示波器、电压探棒、电容器放电试验治具。

注：标准规定，需使用输入阻抗为 100 MΩ ±5 MΩ、输入电容为 25 pF 或更小的电压探棒进行试验，这是为了减小仪器对试验结果的影响。

(2) 确认仪器校准日期是否在有效期内。

2. 搭建试验电路

断开连接器后电容器的放电试验电路框图如图 4.7.3(a)所示。接线时，交流电源的输出接功率计的输入，功率计的输出接试验治具(火线、零线和地线)，受试设备接试验治具的插座，示波器的探棒接试验治具的引出线零线和火线测量端。

由于示波器的探棒接在试验治具的引出线上，试验治具的开关打开和关闭，就是在模拟待测样品的通电和断电。

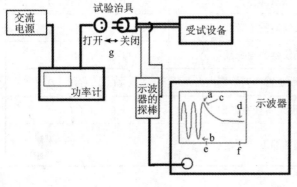
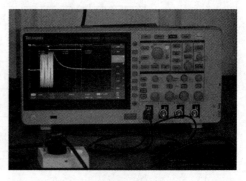

(a) 电路框图   (b) 实际电路图

图 4.7.3   断开连接器后电容器的放电试验电路框图和实际电路图

按照图 4.7.3(a)将交流电源、功率计、试验治具、受试设备以及示波器都接好线，实际电路图如图 4.7.3(b)所示。注意接线时任何仪器都不能通电。

3. 试验步骤

(1) 戴上绝缘手套，接通仪器的电源。注意仪器的电源是接 220 V 的电压，并非交流电源的输出电压。

(2) 打开交流电源，调节至要求的电压和频率。标准中要求，正常工作条件下的试验电压为额定高压(需要考虑电源容差)，频率为上限频率。

(3) 将受试设备接入试验治具的供电座上。

(4) 将示波器的探棒接试验治具的引出线端子，重复打开、关闭试验治具的开关，找到从最大电压处开始放电的波形，并保持 2 s 以上。注意，开关断开时的位置有可能不是电压最高值放电的位置,我们要找到从电压最高值处开始放电的情况。注意身体的任何部位不要接触试验治具的引出线。

(5) 暂停示波器,调整示波器的速率和垂直光标,记录数据。记录的数据包括电容器放电过程中最大的电压以及试验治具断电 2 s 的电压。

(6) 断开泄放电阻(单一故障条件),重复以上步骤。本任务的部分电路图如图 4.7.1 所示,其中方框内为泄放电阻(共有 4 个),我们需要断开这 4 个泄放电阻中的任何一个,然后进行试验。

4. 试验结果判定

读取断开连接器后电容器放电 2 s 时的电压数据,并判断是否合格。

请将试验数据和判定结果记录在如表 4.7.5 所示的本任务工作单内。

表 4.7.5　本任务工作单

试验人:		报告编号:		试验日期:　　年　　月　　日	
样品编号:		环境温度:_____℃;湿度:_____%RH			
检测设备:					
标准中 5.5.2.2	断开连接器后电容器的放电试验				
额定值	电压:_____V		频率:_____Hz		电容:_____F
工作条件	断电后 2 s 时测得的电压				
正常工作条件					
单一故障条件					
判断正常工作条件下,对一般人员,断电后 2 s 时的电压是否低于标准中表 5 的 ES1 限值: 是(　) 否(　) 判断正常工作条件下,对受过培训的人员,断电后 2 s 时的电压是否低于标准中表 5 的 ES2 限值: 是(　) 否(　) 判断单一故障条件下,断电后 2 s 时的电压是否低于标准中表 5 的 ES2 限值: 是(　) 否(　) 结合以上,判定是否通过断开连接器后电容器的放电试验: 通过(　) 未通过(　) 未通过原因:_____					

4.7.3　技能考核

本任务技能考核表如表 4.7.6 所示。

表 4.7.6   本任务技能考核表

技能考核项目	操作内容		规定分值	评分标准	得分
课前准备	阅读标准,回答信息问题,完成断开连接器后电容器的放电试验学习单		15	根据回答信息问题的准确度,分为 15 分、12 分、9 分、6 分、3 分和 0 分几个挡。允许课后补做,分数降低一个挡	
实施及操作	试验准备	准备受试设备	15	受试设备的连接线处理符合要求,正确区分正负极,并记录在本任务准备单内得 5 分,否则酌情给分	
		准备连接线		受试设备的连接线处理符合要求,正确区分火线、零线和地线,并记录在本任务准备单内得 5 分,否则酌情给分	
		准备试验仪器		已准备好试验仪器以及连接线,将校准日期记录到本任务准备单内得 3 分,否则酌情给分	
		记录试验环境的温度和湿度		将环境温度和湿度正确记录到本任务准备单内得 2 分,否则酌情给分	
	搭建试验电路	功率计接线	20	功率计正确接线得 10 分,极性接反扣 5 分,输入输出接反扣 5 分	
		示波器接线		示波器正确接线得 5 分,极性接反扣 5 分	
		检查电路		整体电路连通性检查无误得 5 分,否则酌情给分	
	试验步骤	给仪器设备供电	30	正确给功率计和电子负载供电得 10 分,电源接错得 0 分	
		设置工作条件		设置交流电源的电压和频率,并记录在本任务工作单内得 5 分,否则酌情给分	
		调整示波器显示波形		正确得到放电波形得 5 分,错误得 0 分	
		记录数据		正确记录数据得 2 分	
		更改工作条件并记录数据		正确操作及记录数据得 8 分,否则酌情给分	
	试验结果判定	判定样品是否合格	10	正确判定试验结果得 10 分,否则不给分	
6S 管理	现场管理		10	将设备断电、拆线和归位得 5 分;将桌面垃圾带走、凳子归位得 5 分	
总分					

本任务整体评价表如表 4.7.7 所示。

表 4.7.7　本任务整体评价表

序号	评价项目	评价方式	得分
1	技能考核得分(60%)	教师评价	
2	小组贡献(10%)	小组成员互评	
3	试验报告完成情况(20%)	教师评价	
4	PPT 汇报(10%)	全体学生评价	

4.7.4　课后练一练

1. 单选题

(1) 断开连接器后电容器的放电试验测试的是待测设备(　　)的电压。

A. 断电时　　　　　　B. 断电后 2 s 时　　　　C. 断电 2 s 后　　　　　D. 断电后 2 s 内

(2) 一个额定电压为 100～240 V 的设备，试验时要输入(　　)的电压。

A. 90 V　　　　　　　B. 100 V　　　　　　　C. 240 V　　　　　　　D. 264 V

(3) 根据标准中表 5，假如一个电子设备内有一个 200 nF 的电容，那么使用线性内插法计算设备断开 2 s 时的电压值为(　　)。

A. 75 V　　　　　　　B. 71.5 V　　　　　　　C. 61.5 V　　　　　　　D. 60 V

2. 判断题

(1) 断开连接器后电容器的放电试验的对象是所有带有电容的设备。(　　)

(2) 断开连接器后电容器的放电试验需检查电路是否连接正确。(　　)

(3) 断开连接器后电容器的放电试验可以取任意放电曲线。(　　)

(4) 单一故障条件下，断开连接器后 2 s 时的电压应低于标准中表 5 的 ES3 限值。(　　)

3. 简答题

(1) 请写出断开连接器后电容器的放电试验的步骤。

(2) 请列出断开连接器后电容器的放电试验结果判定合格的标准。

(3) 请将本试验过程整理成试验报告，在一周内提交。

(4) 请完成该任务的 PPT，准备汇报。

任务 4.8 接地阻抗试验

情景引入

生活中，我们经常会见到三插插头(包含火线、零线和地线)的 I 类设备。如果用户不小心接触到由于绝缘材料损坏或其他原因导致的带电金属外壳时，电流不会流经人体，而是通过接地回路流向大地，从而保护人体的安全。这类产品对接地阻抗有着明确要求，我们需要通过接地阻抗试验来判断接地电阻是否满足相关要求。

本任务是完成接地阻抗试验，请你学习标准中相关知识并完成试验，之后接受任务考核。

思政元素

通过强调 I 类设备接地阻抗试验的重要性，体现生产商和使用者为维护公共安全应承担的社会责任。讨论保证电子产品安全性能符合标准要求的重要性，以及每个人在使用电子产品时应遵守的安全规范，以保护个人和他人的安全(社会责任与公共安全)。

学习目标及学习指导

本任务学习目标及学习指导如表 4.8.1 所示。

表 4.8.1 本任务学习目标及学习指导

任务名称	接地阻抗试验	预计完成时间：4 学时
知识目标	◇ 了解 GB 4943.1—2022 中的 5.6 保护导体部分 ◇ 理解保护接地导体、保护连接导体 ◇ 理解接地阻抗试验电路的原理 ◇ 熟悉接地阻抗试验的步骤 ◇ 掌握接地阻抗试验结果的判定标准	
技能目标	◇ 掌握接地阻抗测试仪的基本操作 ◇ 会搭建接地阻抗试验电路 ◇ 能确定试验电流、试验持续时间并对结果进行判定 ◇ 能按步骤规范完成接地阻抗试验 ◇ 能正确判定试验结果	
素养目标	◇ 自主阅读标准中的 5.6 ◇ 安全地按照操作规程进行试验 ◇ 自觉保持实验室卫生、环境安全(6S 要求) ◇ 培养团队成员研讨、分工与合作的能力 ◇ 试验数据和结果不抄袭、不作假	

学习指导	✧ 课前学：熟悉标准中的 5.6，完成接地阻抗试验学习单 ✧ 课中做：通过观看视频和教师演示，按照步骤，安全、规范地完成试验，并完成 　　接地阻抗试验准备单和接地阻抗试验工作单 ✧ 课中考：完成本任务技能考核表 ✧ 课后练：完成试验报告、课后习题和 PPT 汇报

4.8.1　相关标准及术语

为了完成本任务，请先阅读 GB 4943.1—2022 中的 5.6 保护导体部分，并完成如表 4.8.2 所示的本任务学习单(课前完成)。

表 4.8.2　本任务学习单

任务名称	接地阻抗试验
学习过程	回答问题
信息问题	(1) 接地阻抗试验对电阻的属性、试验时间有什么要求？ (2) 接地阻抗试验需要测试的部位有哪些？ (3) 需要对哪些接地部位进行接地阻抗试验？ (4) 接地阻抗试验结果的判定标准是什么？

1. 相关标准

以下是接地阻抗试验的相关标准(摘录)。

5.6　保护导体

5.6.1　基本要求

在正常工作条件下，保护导体可以：

——作为基本安全防护以防止可触及导电零部件超过 ES1 的限值；和

——作为限制接地电路中瞬态电压的措施。

在单一故障条件下，保护导体可以用作附加安全防护以防止可触及导电零部件超过 ES2 的限值。

5.6.2　保护导体的要求

5.6.2.1　基本要求

保护导体不得包含有开关、限流装置或过流保护装置。

保护导体的载流量应与单一故障条件下故障电流的持续时间相适应。

保护导体连接在如下的每种情况下，应先于电源连接端接通，后于电源连接端断开：

——连接器(在电缆上的)或固定在可以由非熟练技术人员拆除的零部件或组件上的连接器;

注:当预计熟练技术人员将会在设备工作期间更换带电的零部件和组件时,宜采用本结构。

——电源软线上的插头;

——器具耦合器。

保护导体的机械固定不得仅采用焊接来完成。

保护导体的端接应使其在维修期间不可能松动,除非是维修导体本身。单个端子可以用来连接多条保护连接导体。保护接地导体的端子不得用来固定除保护连接导体以外的任何元器件或零部件。

单个的螺钉或螺柱型接线端子可以用来固定带不可拆卸电源软线的设备中的保护接地导体和保护连接导体。在这种情况下,保护接地导体的接线端子应用一个螺母与保护连接导体的接线端子分开。保护接地导体应位于堆叠的底部,以确保其连接最后才受到影响。

5.6.2.2 绝缘的颜色

保护接地导体的绝缘应是绿黄双色的。

如果保护连接导体是带有绝缘的,则该绝缘应是绿黄双色的,但下列两种情况除外:

——对接地编织线,如果提供了绝缘,则该绝缘可以是透明的;

——对组装件中的保护连接导体,例如带状电缆、汇流条、印制线等,如果在使用这种导体时不会引起误解,则可以使用任何颜色。

通过检查来检验是否合格。

…………

5.6.6 保护连接系统的电阻

5.6.6.1 要求

保护连接导体及其端子不得有过大的电阻。

注:设备中的保护连接系统由单一的导体或导电零部件的组合构成,将主保护接地端子与设备上出于安全目的预计要接地的零部件相连。

保护连接导体在其整个长度范围内符合表 G.7 最小导体尺寸要求,并且其所有的端子都满足表 32 的最小尺寸要求,则认为符合要求,无需进行试验。

如果设备通过多芯电缆的一根芯线与组件或独立单元实现保护接地连接,该多芯电缆同时为组件或独立单元供电,那么如果电缆是由考虑了导体尺寸的具有相应额定值的保护装置来保护的,则该电缆中的保护连接导体的电阻不要计入测量值内。

5.6.6.2 试验方法

试验电流可以是直流电流或交流电流,而试验电压不得超过 12 V。在主保护接地端子和设备中需要接地的点之间进行测量。

保护接地导体的电阻以及任何在其他外部布线中的接地导体的电阻不要计入测量值内。但是,如果保护接地导体是与设备一起提供的,则该导体可以包含在试验电路中,但是只测量从主保护接地端子到需要接地部分的电压降。

要注意测量探头的顶端和受试导电部件之间的接触电阻不要影响试验结果。试验电流和试验持续时间按下列规定。

a) 对由电网电源供电的设备，如果受试电路的保护电流额定值小于或等于 25 A，试验电流为 200% 的保护电流额定值，试验的持续时间为 2 min。

b) 对由交流电网电源供电的设备，如果受试电路的保护电流额定值超过 25 A，试验电流为 200% 的保护电流额定值或 500 A，取其较小者，试验的持续时间按表 33 的规定。

表 33　与电网电源连接的设备的试验持续时间

电路的保护电流额定值/A 小于或等于	试验的持续时间/min
30	2
60	4
100	6
200	8
大于 200	10

c) 作为上述 b) 的替代，试验基于限制保护连接导体中的故障电流的过流保护装置的时间-电流特性来进行。该保护装置可以是被测设备中提供的保护装置，或者是安装说明书规定的要在设备外部提供的保护装置。试验在 200% 的保护电流额定值下进行，试验持续时间为在时间-电流特性上对应于 200% 时的时间。如果未给出 200% 时的时间，则可以使用在时间-电流特性上的最接近的点。

d) 对由直流电网电源供电的设备，如果受试电路的保护电流额定值超过 25 A，试验电流和试验持续时间按制造商的规定。

e) 对从外部电路获取电源的设备，试验电流为外部电路可提供的最大电流的 1.5 倍或 2 A，选其中较大者，试验持续 2 min。对与保护连接导体连接，以便限制传到外部电路的瞬态电压或接触电流，并在单一故障条件下不超过 ES2 等级的零部件，试验根据所采用的电源来使用 a)、b)、c) 或 d) 相关的试验方法进行。

5.6.6.3　合格判据

如果保护电流额定值不超过 25 A，则由电压降计算得到的保护连接系统的电阻不得超过 0.1 Ω。

如果保护电流额定值大于 25 A，则保护连接系统的电压降不得超过 2.5 V。

…………

2　相关术语

(1) 保护接地导体：设备内部为出于安全目的而需要接地的部分提供保护等电位联结的保护导体。

(2) 保护连接导体：将设备内的主保护接地端子和供保护接地用的建筑物设施的接地点连接起来的保护导体。

3. 标准解读

接地阻抗指的是当人体接触到产品的可触及部件时承担流经人体和大地间或流经人体和其他可触及部件间电流的电阻。

1) 试验目的

为确定被测物在故障情况下，安全接地线是否能承担故障的电流流量，接地的电阻值必须越低越好，这样才能确保产品发生故障时，在输入的电源开关尚未切断电源以前，使用者免于触电的危险和威胁。

2) 试验原理

接地阻抗试验通常是在设备的保护接地回路通过可能出现的最大故障电流，测量相应的压降，计算出保护接地回路的电阻。通过接地阻抗试验可以考察保护接地回路是否连通，并要求测量得到的电阻值足够小(小于 0.1 Ω)；此外，还可以考察保护接地回路是否有足够的载流能力以维持可能出现的故障电流，确保保护接地措施有效。

3) 试验要求

(1) 试验电流可以是交流电流，也可以是直流电流。

(2) 试验电压不得超过 12 V。

(3) 对由电网电源供电的设备，如果被测电路的保护电流额定值小于或等于 25 A，那么试验电流为保护电流额定值的 2 倍，试验持续时间为 120 s，测得保护连接导体的电阻不得超过 0.1 Ω，且不得被损坏。

(4) 对由交流电网电源供电的设备，如果被测电路的保护电流额定值大于 25 A，那么试验电流为保护电流额定值的 2 倍或 500 A，取其较小者，试验的持续时间按标准中表 33 的规定，测得保护连接导体上的电压降不得超过 2.5 V，且不得被损坏。

4) 合格判定

若测得的电流不超过 25 A，则电阻不得大于 0.1 Ω，且试验过程没有发生警报；若测得的电流超过 25 A，则电压降不得超过 2.5 V，且试验过程没有发生警报。

4.8.2　试验实施

1. 试验准备

本任务准备单如表 4.8.5 所示。

接地阻抗试验

表 4.8.5　本任务准备单

任务名称	接地阻抗试验	
准备清单	准备内容	完成情况
受试设备	受试设备完整、无拆机	是(　) 否(　)
	准备好试验设备以及材料	是(　) 否(　)
试验仪器	准备好电压源以及仪器的电源线	是(　) 否(　)
	准备好接地阻抗测试仪以及仪器的线材	是(　) 否(　)
	确认接地阻抗测试仪的校准日期是否在有效期内	是(　) 否(　)
试验环境	记录当前试验环境的温度和湿度	温度：＿＿＿＿＿＿℃； 湿度：＿＿＿＿＿＿%RH

1) 受试设备

接地阻抗试验的受试设备如图 4.8.1 所示。在试验之前，我们需要将受试设备的保护接地导体连牢固。

图 4.8.1 接地阻抗试验的受试设备

2) 试验位置

试验位置包括金属外壳和输入地线(PE)。

3) 试验仪器

本任务需要的试验仪器包括接地阻抗测试仪和绝缘手套，其中接地阻抗测试仪如图 4.8.2 所示。

图 4.8.2 接地阻抗测试仪

4) 试验环境

接地阻抗试验无特殊环境要求，但是一般情况下，为了使试验数据更加通用，测试机构要求全部试验在温度 23 ℃±5 ℃、相对湿度 75%以下进行(UL 要求)。

2. 搭建试验电路

将接地阻抗测试仪的输出端接待测样品的试验位置(例如 PE 和外壳)，得到接地阻抗试验的实际电路图如图 4.8.3 所示。

图 4.8.3 接地阻抗试验的实际电路图

【注意事项】

在接地阻抗试验电路中，用的是接近人体安全电压的试验电压，身体的任何部位不得接触该电压，操作时应该戴好绝缘手套。

3. 试验步骤

(1) 确认所用设备是否有效。

(2) 将接地阻抗测试仪的两个连接端分别连接产品的测试点。

(3) 固定好接地阻抗测试仪的两个端子，使其在试验期间不会晃动。

(4) 将接地阻抗测试仪开启。

(5) 设置接地阻抗测试仪的相关功能。

(6) 调节至所要测试的电流和时间(32 A/2 min)。

(7) 按下接地阻抗测试仪的测试键，开始试验。

(8) 观察试验设备是否出现异常。

(9) 试验完后，记录试验结果和观察到的试验现象。

4. 试验结果判定

根据本任务工作单内记录的试验数据，判断该样品是否通过接地阻抗试验。本任务中，若测得的电流不超过 25 A，则电阻不得大于 0.1 Ω；若测得的电流超过 25 A，则电压降不得超过 2.5 V。

请将试验数据和判定结果记录在如表 4.8.4 所示的本任务工作单内。

表 4.8.4　本任务工作单

试验人：		报告编号：		试验日期：　　年　　月　　日	
样品编号：		环境温度：_____℃；湿度：_____%RH			
检测设备：					
标准中 5.6	接地阻抗试验				
试验位置	电流/A	电阻/Ω		电压降/V	时间/s
被测电路的保护电流额定值小于或等于 25 A，保护连接导体的电阻小于 0.1 Ω。 被测电路的保护电流额定值超过 25 A，保护连接导体上的电压降不超过 2.5 V。 试验不通过说明：_____					

4.8.3　技能考核

本任务技能考核表如表 4.8.5 所示。

表 4.8.5　本任务技能考核表

技能考核项目	操作内容		规定分值	评分标准	得分
课前准备	阅读标准，回答信息问题，完成接地阻抗试验学习单		15	根据回答信息问题的准确度，分为15分、12分、9分、6分、3分和0分几个挡。允许课后补做，分数降低一个挡	
实施及操作	试验准备	准备受试设备和连接线	15	准备好受试设备得3分，准备连接线并处理好得5分，否则酌情给分	
		准备试验仪器		已准备好试验仪器以及连接线，并将校准日期记录到本任务准备单内得4分，否则酌情给分	
		记录试验环境的温度和湿度		将环境温度和湿度正确记录到本任务准备单内得3分，否则酌情给分	
	搭建试验电路	电压源设置	20	电压源设置正确得10分，电压设置错误扣5分，频率设置错误扣5分	
		接地阻抗测试仪接线		接地阻抗测试仪正确接线得5分，接错不得分	
		检查电路		整体电路连通性检查无误得5分，否则酌情给分	
	试验步骤	戴绝缘手套	30	试验全程佩戴绝缘手套得5分，不戴手套不得分	
		给仪器设备供电		正确给接地阻抗测试仪供电得5分	
		设置工作条件		设置接地阻抗测试仪的阻值和时间，并记录在本任务工作单内得10分，否则酌情给分	
		记录数据		正确记录数据得2分	
		更改工作条件并记录数据		正确操作及记录数据得8分，否则酌情给分	
	试验结果判定	判定样品是否合格	10	正确判定试验结果得10分，否则不给分	
6S 管理	现场管理		10	将设备断电、拆线和归位得5分；将桌面垃圾带走、凳子归位得5分	
总分					

本任务整体评价表如表4.8.6所示。

表 4.8.6　本任务整体评价表

序号	评价项目	评价方式	得分
1	技能考核得分(60%)	教师评价	
2	小组贡献(10%)	小组成员互评	
3	试验报告完成情况(20%)	教师评价	
4	PPT 汇报(10%)	全体学生评价	

4.8.4　课后练一练

1. 单选题

(1) 接地阻抗试验的试验电压不能超过(　　)。

A. 12 V　　　　　　　B. 6 V　　　　　　　C. 24 V　　　　　　　D. 3 V

(2) 接地阻抗试验的试验时间为(　　)。

A. 60 s　　　　　　　B. 90 s　　　　　　　C. 100 s　　　　　　　D. 120 s

2. 判断题

(1) 对任意设备,接地阻抗试验的试验电压可以是交流电压也可以是直流电压。(　　)

(2) 随设备提供的电源软线中的保护接地导体应该符合标准中表 30 给出的最小尺寸要求。(　　)

(3) 接地阻抗试验的试验位置是火线和外壳。(　　)

3. 简答题

(1) 请写出接地阻抗试验的步骤。

(2) 请列出接地阻抗试验结果判定合格的标准。

(3) 请将本试验过程整理成试验报告,在一周内提交。

(4) 请完成该任务的 PPT,准备汇报。

任务 4.9　接触电流试验

 情景引入

电子产品的外部会有很多可触及部分,如外壳、一些接口等,这些可触及部分的电流值应该在安全范围内,不能使用户触电。在标准中,电子产品表面或其他可触及部分的电流大小也有规定,因此电子产品需要通过接触电流试验。

本任务是完成接触电流试验,请你学习标准中相关知识并完成试验,之后接受任务考核。

思政元素

通过学习 GB 4943.1—2022 中关于接触电流试验的要求,强调遵守国家标准和法规的重要性,讨论标准化在确保产品质量和安全、维护市场秩序中的作用(标准化教育)。

在完成接触电流试验过程中,强调团队成员之间的合作和相互支持,以及每个成员在达成团队目标过程中应承担的责任,讨论在团队中分担任务、共同解决问题的重要性(社会主义核心价值观)。

学习目标及学习指导

本任务学习目标及学习指导如表 4.9.1 所示。

表 4.9.1　本任务学习目标及学习指导

任务名称	接触电流试验	预计完成时间:4 学时
知识目标	◇ 了解 GB 4943.1—2022 中的 5.7 预期的接触电压、接触电流和保护导体电流部分 ◇ 理解接触电流、保护导体电流、预期接触电压 ◇ 理解接触电流试验电路的原理 ◇ 熟悉接触电流试验的步骤 ◇ 掌握接触电流试验结果的判定标准	
技能目标	◇ 掌握接触电流测试仪的基本操作 ◇ 会搭建接触电流试验电路 ◇ 能按步骤规范完成接触电流试验 ◇ 能正确记录试验数据 ◇ 能正确判定试验结果	
素养目标	◇ 自主阅读标准中的 5.7 ◇ 安全地按照操作规程进行试验 ◇ 自觉保持实验室卫生、环境安全(6S 要求) ◇ 培养团队成员研讨、分工与合作的能力 ◇ 试验数据和结果不抄袭、不作假	
学习指导	◇ 课前学:熟悉标准中的 5.7,完成接触电流试验学习单 ◇ 课中做:通过观看视频和教师演示,按照步骤,安全、规范地完成试验,并完成接触电流试验准备单和接触电流试验工作单 ◇ 课中考:完成本任务技能考核表 ◇ 课后练:完成试验报告、课后习题和 PPT 汇报	

4.9.1　相关标准及术语

为了完成本任务，请先阅读 GB 4943.1—2022 中的 5.7 预期的接触电压、接触电流和保护导体电流部分，并完成如表 4.9.2 所示的本任务学习单(课前完成)。

表 4.9.2　本任务学习单

任务名称	接触电流试验
学习过程	回答问题
信息问题	(1) 接触电流试验对电压的属性有哪些要求？ (2) 对于未接地可接触绝缘表面，在试验时应加上哪种材料？ (3) 对于接地部位，进行接触电流试验时有何要求？ (4) 接触电流试验结果的判定标准是什么？

1. 相关标准

以下是接触电流试验的相关标准(摘录)。

5.7 预期的接触电压、接触电流和保护导体电流

5.7.1 基本要求

进行预期的接触电压、接触电流和保护导体电流的测量时，要在 EUT 最不利的供电电压（见 B.2.3）下进行。

5.7.2 测量装置和网络

5.7.2.1 接触电流的测量

就测量接触电流而言，在测量 IEC 60990：2016 图 4 和图 5 中各自规定的 U_2 和 U_3 时，所使用的仪器应指示峰值电压。如果接触电流的波形是正弦波形，则可以使用指示有效值的仪器。

5.7.2.2 电压的测量

设备或设备的零部件，如果在预期的使用中需要接地，但在测试时没有接地，则测量期间，应在由于某一点接地而能获得最高预期接触电压的那一点与地连接。

5.7.3 设备配置、电源连接和接地连接

设备配置、设备电源连接和接地连接应符合 IEC 60990：2016 中第 4 章、5.3 和 5.4 的规定。

对装有与保护接地导体分开的接地连接的设备，应断开该接地连接再进行试验。

对分别与电网电源连接的互连设备系统，应分别对每一台设备进行试验。

对与电网电源仅有一个连接端的互连设备系统，应作为一台单独设备进行试验。

注：在 IEC 60990：2016 的附录 A 中对互连设备系统做了更详细的规定。

对设计成与电网电源有多路连接的设备，如果一次只需要一路连接，则应对每一路连接进行试验，而其他各路连接要断开。

对设计成与电网电源有多路连接的设备,如果需要多路连接,则应对每一路连接进行试验,而其他各路连接也要连接,同时将各路保护接地导体连接在一起。如果接触电流超过 5.2.2.2 的限值,则应单独测量接触电流。

注:试验期间不要求 EUT 正常工作。

5.7.4 未接地的可触及零部件

在正常工作条件下、异常工作条件下和单一故障条件下(安全防护故障除外),接触电压或接触电流应从所有未接地的可触及导电零部件进行测量。接触电流(表 4 的脚注 a 和脚注 b)应按照 IEC 60990:2016 的 5.1、5.4 和 6.2.1 进行测量。

在相关基本安全防护或附加安全防护的单一故障条件、包括 IEC 60990:2016 中 6.2.2.2 的故障条件下,接触电压或接触电流应从所有未接地的可触及导电零部件进行测量。接触电流(表 4 的脚注 b)应使用 IEC 60990:2016 中图 5 规定的网络进行测量。

对于可触及的非导电零部件,使用 IEC 60990:2016 中 5.2.1 规定的金属箔进行试验。

5.7.5 接地的可触及导电零部件

至少对一个接地的可触及导电零部件应在电源连接故障后测试接触电流,故障按 IEC 60990:2016 中 6.1 和 6.2.2 的规定设置,但 6.2.2.8 的规定除外。除 5.7.6 允许外,接触电流不得超过 5.2.2.2 的 ES2 限值。

IEC 60990:2016 的 6.2.2.3 不适用于装有能断开电源所有各极的开关或其他断开装置的设备。

注:器具耦合器就是断开装置的一个例子。

…………

2. 相关术语

(1) 接触电流(touch current):当人体部位接触两个或多个可触及零部件或者接触一个可触及零部件和地时通过人体的电流。

(2) 保护导体电流 (protective conductor current):在正常工作条件下流过保护接地导体的电流。

注:保护导体电流以前是包括在"漏电流"术语内。

(3) 预期接触电压(prospective touch voltage):当尚未接触到导电零部件时,这些同时可触及的导电零部件之间或一个可触及的导电零部件与地之间的电压。

3. 标准解读

1) 试验目的

根据人体电流效应,大约 0.5 mA 电流流经人体即可产生伤害。通过测量接触电流可评估设备可触及零部件是否对人体产生电击危险,即接触电流是电击危险的判断依据之一。设备的设计和结构应当保证接触电流或保护导体电流均不可能产生电击危险。

2) 试验原理

接触电流值与施加到人体上的电压和人体阻抗有关。因此只要确定了人体阻抗模型,就可以测量施加到该模型上的电压产生的接触电流值。接触电流值的测量参考图 4.1.1 和图 4.1.2。

针对我国的配电系统(TN),接触电流的试验电路按照图 4.9.1 进行连接。其中:p 为 L、

N 极性切换开关；e 为接地导体故障开关；n 为中线故障开关。在试验时需要根据标准要求控制相应开关的开与关。

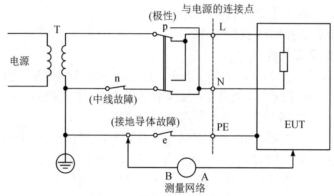

图 4.9.1　接触电流的试验电路

试验时，应闭合所有试验开关，测量网络的 A 端依次连接到每个未接地的或导电的可触及零部件和电路上。试验应在正常工作的所有适用的条件下进行。正常工作的实例包括电源开关的接通、断开、等待、启动、预热以及操作人员对控制件的任意设置(电源电压控制件设置除外)，并以正常极性和相反极性(开关 p)进行试验。

3) 试验样品的处理

(1) 测量部位应该是可接触的，可能是导电零部件，也可能是非导电零部件。

(2) 对于可触及的非导电零部件，应当在该零部件上贴附面积为 100 mm×200 mm 的金属箔，以模拟人手接触该零部件。可以采用沙压、胶粘等方式贴附金属箔。如果使用胶粘的金属箔，则黏合剂应是导电的。注意，金属箔不要触及外壳以外的其他导电部位。

4) 试验电压的要求

(1) 由于试验电压可能会对接触电流值产生影响，因而通常在额定电压或电压范围上限的上偏差下测量接触电流，即在最不利的供电电压下测量接触电流。

(2) 如果在最不利的供电电压下试验不方便，则可以在额定电压范围内或额定电压的容差范围内任何能获得的电压下进行试验，然后计算得出结果。

5) 合格判定

对于未接地的部位，接触电流在正常工作条件、异常工作条件和单一故障条件下(安全防护故障除外)的测量值(用图 4.1.1 测量)不得超过标准中表 4 规定的 ES1 限值，接触电流在相关基本安全防护或附加安全防护单一故障条件下的测量值(用图 4.1.2 测量)不得超过标准中表 4 规定的 ES2 限值。

对于接地的部位，接触电流测量值(用图 4.1.2 测量)不得超过标准中表 4 规定的 ES2 限值。

4.9.2　试验实施

1. 试验准备

本任务准备单如表 4.9.3 所示。

接触电流
试验

表 4.9.3　本任务准备单

任务名称	接触电流试验	
准备清单	准备内容	完成情况
受试设备	受试设备完整、无拆机	是(　)　否(　)
	受试设备的连接头剥线已处理好	是(　)　否(　)
	记录受试设备的输入电压、频率和电流以及输出电流	输入电压：_____V； 输入频率：_____Hz； 输入电流：_____A 输出电流：_____A
	将受试设备需要的试验工作条件(输入电压、频率)记录到本任务工作单内	已记录(　) 未记录(　)
试验仪器	准备好电压源以及仪器的电源线	是(　)　否(　)
	准备好接触电流测试仪以及仪器的线材	是(　)　否(　)
	确认接触电流测试仪的校准日期是否在有效期内	是(　)　否(　)
试验环境	记录当前试验环境的温度和湿度	温度：_____℃； 湿度：_____%RH

1) 受试设备

接触电流试验的受试设备为电源适配器，如图 4.9.2 所示。在试验之前，我们需要将受试设备的外壳用 10 cm×20 cm 的金属箔包裹/贴起来。

图 4.9.2　接触电流试验的受试设备

2) 试验位置

电源适配器的额定电压为 100～240 V、额定频率为 50/60 Hz，需要进行试验的位置包括塑料外壳(加金属箔)、输出端正极和输出端负极。

3) 试验仪器

本任务需要的试验仪器包括接触电流测试仪、交流电源和绝缘手套，其中接触电流测试仪如图 4.9.3 所示。

图 4.9.3　接触电流测试仪

仪器的校准:

(1) 确认仪器的校准日期是否在有效期内。

(2) 确认仪器是否需要自校准。

(3) 确认仪器的好坏。

4) 试验环境

接触电流试验无特殊环境要求,但是一般情况下,为了使试验数据更加通用,测试机构要求全部试验在温度 23℃±5℃、相对湿度 75%以下进行(UL 要求)。

2. 搭建试验电路

将接触电流测试仪的输出端接待测样品的待测位置(例如 L 极、N 极和外壳),得到接触电流试验的实际电路图如图 4.9.4 所示。

图 4.9.4　接触电流试验的实际电路图

【注意事项】

在接触电流试验电路中,使用的是远远超过人体安全电压的试验电压,身体的任何部位不得接触该电压,操作时应该站在绝缘垫上并戴好绝缘手套。

3. 试验步骤

(1) 确认所使用的适配器是否完好。若待测样品刚进行完温升试验,需要将样机上多余的线材、温升线等清除干净后才能进行试验。

(2) 上电确认所使用的适配器是否正常工作。

(3) 戴上绝缘手套,将接触电流测试仪与交流电源连接。

(4) 开启接触电流测试仪,将接触电流测试仪的输出端分别连接至测试点位置(例如塑料外壳),并固定好连接端子,以免试验中脱落。

(5) 调节接触电流测试仪,将电流调至 0.5 mA,时间调为 20 s。

(6) 按下接触电流测试仪测试键，同时将电压调至 264 V，开始试验。

(7) 观察并记录试验结果。

4. 试验结果判定

根据本任务工作单内记录的试验数据，判断该样品是否通过接触电流试验。本任务中，测得的电流不得超过标准中表 4 规定的 ES1 限值(0.5 mA)。若超过 ES1 限值，即为试验不合格。

请将试验数据和判定结果记录在如表 4.9.4 所示的本任务工作单内。

表 4.9.4　本任务工作单

试验人：	报告编号：		试验日期：　　年　　月　　日	
样品编号：	环境温度：_____ ℃；湿度：_____%RH			
检测设备：				
标准中 5.7	接触电流试验			
额定值	电压：_____ V	频率：_____ Hz	电流：_____ A	
测量值(正常工作条件)	电压：_____ V	电流：_____ mA	时间：_____ s	
测量值(异常工作条件)	电压：_____ V	电流：_____ mA	时间：_____ s	
测量值(单一故障条件)	电压：_____ V	电流：_____ mA	时间：_____ s	
测量值(基本安全防护故障条件)	电压：_____ V	电流：_____ mA	时间：_____ s	

在正常工作条件、异常工作条件和单一故障条件下(安全防护故障除外)，接触电流的测量值（用图 4.1.1 测量）是否超过标准中表 4 规定的 ES1 限值：

是(　　)　否(　　)

在相关基本安全防护或附加安全防护单一故障条件下，接触电流的测量值（用图 4.1.2 测量）是否超过标准中表 4 规定的 ES2 限值：

是(　　)　否(　　)

试验不通过说明：_____

4.9.3　技能考核

本任务技能考核表如表 4.9.5 所示。

表 4.9.5　本任务技能考核表

技能考核项目	操作内容	规定分值	评分标准	得分
课前准备	阅读标准，回答信息问题，完成接触电流试验学习单	15	根据回答信息问题的准确度，分为 15 分、12 分、9 分、6 分、3 分和 0 分几个挡。允许课后补做，分数降低一个挡	

续表

技能考核项目	操作内容		规定分值	评分标准	得分
实施及操作	试验准备	准备受试设备和连接线	15	准备好受试设备得 3 分,准备连接线并处理好得 5 分,否则酌情给分	
		准备试验仪器		已准备好试验仪器以及连接线,并将校准日期记录到本任务准备单内得 4 分,否则酌情给分	
		记录试验环境的温度和湿度		将环境温度和湿度正确记录到本任务准备单内得 3 分,否则酌情给分	
	搭建试验电路	接触电流测试仪接线	20	接触电流测试仪正确接线得 10 分,接错不得分	
		检查电路		整体电路连通性检查无误得 10 分,否则酌情给分	
	试验步骤	戴绝缘手套	30	试验全程佩戴绝缘手套得 5 分,不戴手套不得分	
		给仪器设备供电		正确给接触电流测试仪供电得 5 分	
		设置工作条件		设置接触电流测试仪的电压、电流和测试时间,并记录在本任务工作单内得 10 分,否则酌情给分	
		记录数据		正确记录数据得 2 分	
		更改工作条件并记录数据		正确操作及记录数据得 8 分,否则酌情给分	
	试验结果判定	判定样品是否合格	10	正确判定试验结果得 10 分,否则不得分	
6S 管理	现场管理		10	将设备断电、拆线和归位得 5 分;将桌面垃圾带走、凳子归位得 5 分	
总分					

本任务整体评价表如表 4.9.6 所示。

表 4.9.6   本任务整体评价表

序号	评价项目	评价方式	得分
1	技能考核得分(60%)	教师评价	
2	小组贡献(10%)	小组成员互评	
3	试验报告完成情况(20%)	教师评价	
4	PPT 汇报(10%)	全体学生评价	

4.9.4　课后练一练

1. 单选题

(1) 对一个可触及的绝缘外壳，在正常工作条件下，它的接触电流有效值不能超过（　　）。

A. 0.5 mA　　　　　　B. 0.707 mA　　　　　　C. 2 mA　　　　　　D. 5 mA

(2) 如果有一个 I 类交换机需要进行接触电流试验，那么在它的接地可触及部位上测得的电流峰值不能超过（　　）。

A. 0.5 mA　　　　　　B. 0.707 mA　　　　　　C. 5 mA　　　　　　D. 7.07 mA

2. 判断题

(1) 对任意设备，接触电流试验测得的电流可以使用有效值。（　　）

(2) IEC 60990：2016 中的 6.2.2.3 适用于所有设备。（　　）

3. 简答题

(1) 请写出接触电流试验的步骤。

(2) 请列出接触电流试验结果判定合格的标准。

(3) 请将本试验过程整理成试验报告，在一周内提交。

(4) 请完成该任务的 PPT，准备汇报。

项目 5　其他能量源的安全防护测试

本项目要求：学习防止着火以及热灼伤引起的伤害而采取的安全防护相关知识，完成功率源分级试验、受限制电源试验和温升试验三个任务，掌握电子产品安规测试岗位中有关预防着火以及热能量源的安全防护测试这一工作技能。

任务 5.1　功率源分级试验

情景引入

随着电子产品的普及，每年都有不少由电子产品导致的火灾发生，造成人身和财产损失，故各国政府相关部门、标准制定和执行机构等也将电子产品的防火安全列为重要的评估内容。

由电子产品导致的火灾一般分为两种，即电子产品作为火源引起的火灾和电子产品输出过大电流导致连接的设备起火引起的火灾。我们进行电子产品安全检测时怎样评估电子产品是否会引起火灾？标准中如何避免电子产品作为火源引起火灾？

本任务是完成功率源分级试验，请你学习标准中相关知识并完成试验，之后接受任务考核。

思政元素

通过强调电子产品引起火灾的潜在风险，讨论生产商和消费者在确保电子产品安全使用方面的责任，强调遵守相关安全标准和法规的重要性，以及每个人在日常使用电子产品时应采取安全措施(安全教育)。

通过电子产品引发火灾的案例，讨论防灾减灾在维护社会稳定和公众福祉中的作用。强化学生对预防电子产品引发火灾等公共安全事件的责任感，以及在社会中推广安全知识和培养安全意识的重要性(道德教育)。

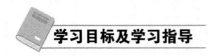
学习目标及学习指导

本任务学习目标及学习指导如表 5.1.1 所示。

表 5.1.1　本任务学习目标及学习指导

任务名称	功率源分级试验	预计完成时间：4 学时
知识目标	◇ 了解 GB 4943.1—2022 中的 6.2 功率源(PS)和潜在引燃源(PIS)的分级部分 ◇ 理解功率源 ◇ 理解功率源分级试验电路的原理 ◇ 熟悉功率源分级试验的步骤 ◇ 掌握功率源分级试验结果的判定标准	
技能目标	◇ 掌握交流电源、功率计和直流负载的基本操作 ◇ 会搭建功率源分级试验电路 ◇ 能按步骤规范完成功率源分级试验 ◇ 能正确记录试验数据：电压、电流/功率 ◇ 能正确判定试验结果	
素养目标	◇ 自主阅读标准中的 6.2 ◇ 安全地按照操作规程进行试验 ◇ 自觉保持实验室卫生、环境安全(6S 要求) ◇ 培养团队成员研讨、分工与合作的能力	
学习指导	◇ 课前学：熟悉标准中的 6.2，完成功率源分级试验学习单 ◇ 课中做：通过观看视频和教师演示，按照步骤，安全、规范地完成试验，并完成功率源分级试验准备单和功率源分级试验工作单 ◇ 课中考：完成本任务技能考核表 ◇ 课后练：完成试验报告、课后习题和 PPT 汇报	

5.1.1　相关标准及术语

为了完成本任务，请先阅读 GB 4943.1—2022 中的 6.2 功率源(PS)和潜在引燃源(PIS)的分级部分，并完成如表 5.1.2 所示的本任务学习单(课前完成)。

表 5.1.2　本任务学习单

任务名称	功率源分级试验
学习过程	回答问题
信息问题	(1) 本试验测的是被测样品的哪个电参量？ (2) 本试验是否应该模拟负载？ (3) 如果有多个额定电压范围，该如何进行试验？ (4) 是否需要考虑额定电压的频率？ (5) 读数时要注意什么？如果电流是周期变化的，该如何读数？ (6) 如何判断试验结果是否合格？

1. 相关标准

以下是功率源分级试验的相关标准(摘录)。

6.2 功率源(PS)和潜在引燃源(PIS)的分级

6.2.1 基本要求

引起发热的电能量源可以划分为功率等级 PS1、PS2 和 PS3(见 6.2.2.4、6.2.2.5 和 6.2.2.6)，这些电能量源可以导致元器件和连接点电阻性发热。这些功率源的分级是基于电路可获得的能量。

在功率源内，可能由于连接点断开或触点打开时的电弧产生 PIS(电弧性 PIS)，或者由于耗散功率大于 15 W 的元器件产生 PIS(电阻性 PIS)。

根据每个电路的功率源的分级，需要一个或多个安全防护来降低引燃的可能性，或降低火焰蔓延到设备外部的可能性。

6.2.2 功率源电路的分级

6.2.2.1 基本要求

根据电路从功率源可获得的电功率，将电路划分为 PS1、PS2 或 PS3。

电功率源的分级应按下列每一种条件下测得的最大功率来划分：

——对负载电路：功率源在制造商规定的正常工作条件下，对负载电路引入最不利故障(见 6.2.2.2)；

——对功率源电路：负载电路为规定的正常负载，引入最不利功率源故障(见 6.2.2.3)。

在图 34 和图 35 中的 X 点和 Y 点处测量功率。

6.2.2.2 最不利故障的功率测量

见图 34：

——除非最大功率取决于连接的负载，否则可以不连接负载电路 L_{NL} 进行测量；

——在 X 点和 Y 点处，接入功率表(或电压表 V_A 和电流表 I_A)；

——如图所示，接入可变电阻器 L_{VR}；

——调节可变电阻器 L_{VR}，以便得到最大功率。测量该最大功率，并按 6.2.2.4、6.2.2.5 或 6.2.2.6 的规定对该功率源进行分级。

试验期间，如果过流保护装置动作，则应在过流保护装置电流额定值的 125% 的条件下重复试验。

试验期间，如果功率限制装置或电路动作，则应在稍低于功率限制装置或电路的动作电流的某一点重复试验。

当评定的附件是通过电缆连接到设备上时，在确定该附件一侧的 PS1 或 PS2 等级时可能需要考虑电缆的阻抗。

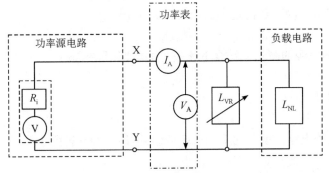

图 34　最不利故障的功率测量

6.2.2.3　最不利功率源故障的功率测量

见图 35：

——在 X 点和 Y 点处，接入功率表(或电压表 V_A 和电流表 I_A)；

——在功率源电路内，模拟在待分级的电路上产生最大功率的任何单一故障。功率源电路中的所有相关元器件应在每次测量时只短路或断路一个；

——包含音频放大器的设备也应在 E.3 规定的异常工作条件下进行测试；

——按规定测量最大功率，并按 6.2.2.4、6.2.2.5 或 6.2.2.6 的规定对功率源供电的电路进行分级。

试验期间，如果过流保护装置动作，则应在过流保护装置电流额定值的 125% 的条件下重复试验。

试验期间，如果功率限制装置或电路动作，则应在稍低于功率限制装置或电路的动作电流的某一点重复试验。

当重复试验时，可以使用可变电阻来模拟故障的元器件。

为了避免损坏正常负载中的元器件，可以用电阻器(其值等于正常负载)来代替正常负载。

注：可以通过试验来找出能产生最大功率的单一元器件故障。

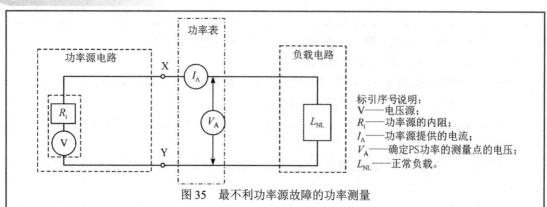

图 35　最不利功率源故障的功率测量

6.2.2.4 PS1

PS1 是按 6.2.2 的规定，其功率源在 3 s 后测量值不超过 15 W 的电路(见图 36)。

表 13 中 ID 号 1 和 2 的外部电路的可获得功率认为被限制在 PS1。

6.2.2.5 PS2

PS2 是按 6.2.2 的规定，其功率源的测量值符合下述条件的电路(见图 36)：

——超过 PS1 限值；和

——5 s 后测量，不超过 100 W。

6.2.2.6 PS3

PS3 是功率源超过 PS2 限值的电路，或其功率源还未分级的任何电路(见图 36)。

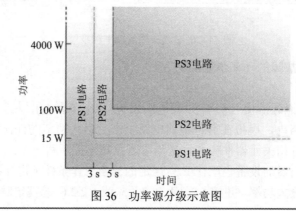

图 36　功率源分级示意图

2. 相关术语

(1) 功率源：能够提供稳定的电压、电流以及功率输出的电源设备。

(2) PS1：1 级功率源，即功率源在 3 s 后测量值不超过 15 W 的电路。

(3) PS2：2 级功率源，即功率源超过 PS1 限值，且在 5 s 后测量值不超过 100 W 的电路。

功率源分级介绍

(4) PS3：3 级功率源，即功率源超过 PS2 限值的电路或其功率源还未分级的任何电路。

3. 标准解读

1) 试验目的

根据功率源分级要求产品是否需要使用防火防护外壳。如果判定等级为 PS2 或 PS3，则 EUT 需要使用防火防护外壳(或其他防护措施)，否则不需要。

2) 功率源分级试验条件

(1) EUT 根据获得的功率将电路区分为 PS1、PS2、PS3；

(2) 需要在制造商规定的正常工作条件和单一故障条件下进行试验。

5.1.2　试验实施

功率源分级
试验

1. 试验准备

本任务准备单如表 5.1.3 所示。

表 5.1.3　本任务准备单

任务名称	功率源分级试验	
准备清单	准备内容	完成情况
受试设备	受试设备完整、无拆机	是(　) 否(　)
	受试设备的连接头剥线已处理好	是(　) 否(　)
	记录受试设备的输入电压、电流和频率，以及输出电压、电流和功率	输入电压：_____V； 输入电流：_____A； 输入频率：_____Hz
		输出电压：_____V； 输出电流：_____A； 输出功率：_____W
	将受试设备的试验工作条件(输入电压、频率)记录到本任务工作单内	已记录(　　) 未记录(　　)
连接线	连接线 1 的一端已做好剥线处理	是(　) 否(　)
	测试并记录连接线 1 的 L 极、N 极和接地端	棕色：____极； 蓝色：____极； 黄绿色：____极
	连接线 2 的一端已做好剥线处理	是(　) 否(　)
	测试并记录连接线 2 的 L 极、N 极和接地端	棕色：____极； 灰色：____极； 黑色：____极
试验仪器	准备好电压源以及仪器的电源线	是(　) 否(　)
	准备好功率计以及仪器的电源线	是(　) 否(　)
	准备好电子负载以及仪器的电源线	是(　) 否(　)
	确认功率计的校准日期是否在有效期内	是(　) 否(　)
	确认电子负载的校准日期是否在有效期内	是(　) 否(　)
	秒表	是(　) 否(　)
试验环境	记录当前试验环境的温度和湿度	温度：_____℃； 湿度：_____%RH

2. 搭建试验电路

请参考本书任务 2.2 输入试验搭建试验电路，另外需要加上秒表。

3. 试验步骤

1) 给仪器设备供电

把功率计、电子负载的电源接到交流电源(264 V、60 Hz 的交流电)，打开仪器的开关。

2) 正常工作条件下 PS 测试

(1) 将 EUT 需要测试的输出口连接到直流电子负载后给 EUT 通电。

(2) 在直流电子负载上逐渐增加电流。

(3) 记录 EUT 在保护前，整个带载过程中的最大功率和最大功率下的输出电压/电流：

① 测得功率在 15 W 以下且持续 3 s 以上，为 PS1；

② 测得功率在 15~100 W 范围内且持续 5 s 以上，为 PS2；

③ 测得功率在 100 W 以上且持续 5 s 以上，为 PS3。

3) 单一故障条件下 PS 测试

(1) 依照短路或开路的要求，将 EUT 的限流零部件焊接上短路开关，如图 5.1.1 所示 (详见任务 4.2 模拟异常工作条件和单一故障条件试验)。

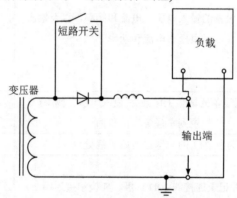

图 5.1.1　短路开关的焊接图

(2) 将 EUT 需要测试的输出口连接到直流电子负载后给 EUT 通电。

(3) 使用电子负载对 EUT 带上额定输出功率，待稳定后按下开关或打开开关对限流零部件短路或开路，观察并记录短路后的电流、电压和功率。

4. 试验结果判定

根据本任务工作单内记录的试验数据，判断该样品是否通过功率源分级试验。本任务中，结果判定分为三个等级：

(1) 测得最大功率<15 W，为 PS1；

(2) 15 W≤测得最大功率≤100 W，为 PS2；

(3) 100 W<测得最大功率，为 PS3。

根据功率源分级要求产品是否需要使用防火防护外壳。如果判定等级为 PS2 或 PS3，则 EUT 需要使用防火防护外壳(或其他防护措施)，否则不需要。

请将试验数据和判定结果记录在如表 5.1.4 所示的本任务工作单内。

表 5.1.4 本任务工作单

试验人：		报告编号：		试验日期： 年 月 日			
样品编号：	环境温度：_____℃；湿度：_____%RH						
检测设备：							
标准中 6.2.2	功率源分级试验						
测试部位	工作条件 (正常/单一故障)		电压/V	电流/A	最大功率/W		PS 分级
附加信息： (1) SC 表示短路；OC 表示开路 (2) 对 PS1，3 s 后测量；对 PS2 和 PS3，5 s 后测量							

5.1.3 技能考核

本任务技能考核表如表 5.1.5 所示。

表 5.1.5 本任务技能考核表

技能考核项目	操作内容		规定分值	评分标准	得分
课前准备	阅读标准，回答信息问题，完成功率源分级试验学习单		15	根据回答信息问题的准确度，分为 15 分、12 分、9 分、6 分、3 分和 0 分几个挡。允许课后补做，分数降低一个挡	
实施及操作	试验准备	准备受试设备	15	受试设备的连接线处理符合要求，正确区分正负极，并记录在本任务准备单内得 5 分，否则酌情给分	
		准备连接线		受试设备的连接线处理符合要求，正确区分火线、零线和地线，并记录在本任务准备单内得 5 分，否则酌情给分	
		准备试验仪器		已准备好试验仪器以及连接线，并将校准日期记录到本任务准备单内得 3 分，否则酌情给分	
		记录试验环境的温度和湿度		将环境温度和湿度正确记录到本任务准备单内得 2 分，否则酌情给分	

续表

技能考核项目	操作内容		规定分值	评分标准	得分
搭建试验电路	功率计接线		20	功率计正确接线得 10 分，极性接反扣 5 分，输入输出接反扣 5 分	
	电子负载接线			电子负载正确接线得 5 分，极性接反扣 5 分	
	检查电路			整体电路连通性检查无误得 5 分，否则酌情给分	
试验步骤	给仪器设备供电		30	正确给功率计和电子负载供电得 10 分，电源接错得 0 分	
	设置工作条件			设置交流电源的电压和频率，并记录在本任务工作单内得 5 分，否则酌情给分	
	设置电子负载			正确设置电子负载的大小得 5 分，设置错误得 0 分	
	记录数据			正确记录数据得 2 分	
	更改工作条件并记录数据			正确操作及记录数据得 8 分，否则酌情给分	
试验结果判定	判定样品是否合格		10	正确判定试验结果得 10 分，否则不得分	
6S 管理	现场管理		10	将设备断电、拆线和归位得 5 分；将桌面垃圾带走、凳子归位得 5 分	
总分					

本任务整体评价表如表 5.1.6 所示。

表 5.1.6　本任务整体评价表

序号	评价项目	评价方式	得分
1	技能考核得分(60%)	教师评价	
2	小组贡献(10%)	小组成员互评	
3	试验报告完成情况(20%)	教师评价	
4	PPT 汇报(10%)	全体学生评价	

5.1.4　课后练一练

(1) 请写出 PS 三个等级的功率范围及试验时间。

(2) 若有一款多输出端口的适配器，输出为 Type C 端口：9 V 或 12 V 直流电压，USB 端口：5 V 直流电压，则在功率源分级试验中，我们需要测量的电压包括哪些？

(3) 请回答以下问题。
① 请列出功率源分级试验结果判定合格的标准。

② 请列出功率源分级试验需要用到的试验仪器，并简要说出试验仪器的作用。

(4) 请解释以下术语。
① 功率源。

② PS1、PS2、PS3。

(5) 请写出功率源分级试验的步骤。

(6) 请将本试验过程整理成试验报告，在一周内提交。

(7) 请完成该任务的 PPT，准备汇报。

任务 5.2　受限制电源试验

 情景引入

2018 年，某市发生了一起室内起火事件，经消防部门确认，着火源是一个给电源适配器供电的路由器。专家表示，这可能是电源适配器的输出端未满足受限制电源的要求，且其终端连接的路由器没有使用防火外壳导致的。为了避免此类事件的发生，应在电源适配器说明书上描述清楚产品的注意事项，同时加强一般人员对安规知识的学习。

本任务是完成受限制电源试验，请你学习标准中相关知识并完成试验，之后接受任务考核。

思政元素

通过情景引入中提及的室内起火事件，强调电子产品设计和使用中需要考虑的公共安全问题，讨论制定和遵守相关安全标准的重要性，以及政府和社会各界在预防类似事故发生时所扮演的角色和承担的责任(安全教育)。

讨论在追求科技进步和产品功能性的同时,如何确保产品的安全,特别是在防火方面。强调科技创新应与提高产品安全性能并重,以防止潜在的安全隐患(科技与安全的平衡)。

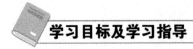
学习目标及学习指导

本任务学习目标及学习指导如表 5.2.1 所示。

表 5.2.1   本任务学习目标及学习指导

任务名称	受限制电源试验	预计完成时间:4 学时
知识目标	◇ 了解 GB 4943.1—2022 中的 Q.1 受限制电源部分 ◇ 理解空载电压 ◇ 理解受限制电源试验电路的原理 ◇ 熟悉受限制电源试验的步骤 ◇ 掌握受限制电源试验结果的判定标准	
技能目标	◇ 掌握交流电源、功率计和直流负载的基本操作 ◇ 会搭建受限制电源试验电路 ◇ 能按步骤规范完成受限制电源试验 ◇ 能正确记录试验数据:电压、电流/功率 ◇ 能正确判定试验结果	
素养目标	◇ 自主阅读标准中的 Q.1 ◇ 安全地按照操作规程进行试验 ◇ 自觉保持实验室卫生、环境安全(6S 要求) ◇ 培养团队成员研讨、分工与合作的能力	
学习指导	◇ 课前学:熟悉标准中的 Q.1,完成受限制电源试验学习单 ◇ 课中做:通过观看视频和教师演示,按照步骤,安全、规范地完成试验,并完成受限制电源试验准备单和受限制电源试验工作单 ◇ 课中考:完成本任务技能考核表 ◇ 课后练:完成试验报告、课后习题和 PPT 汇报	

5.2.1   相关标准及术语

为了完成本任务,请先阅读 GB 4943.1—2022 中的 Q.1 受限制电源部分,并完成如表 5.2.2 所示的本任务学习单(课前完成)。

表 5.2.2　本任务学习单

任务名称	受限制电源试验
学习过程	回答问题
信息问题	(1) 受限制电源试验测的是被测样品的哪个电参量？ (2) 受限制电源试验是否应该模拟负载？ (3) 被测样品工作在什么条件下进行受限制电源试验(正常/异常工作条件)？ (4) 如果有多个额定电压范围，该如何进行试验？ (5) 是否需要考虑额定电压的频率？ (6) 标识为 12 V(直流电源)、1.0 A 的电源适配器，请写出其试验的限值。 (7) 试验中读数时要注意什么？如果电流是周期变化的，该如何读数？ (8) 如何判断试验结果是否合格？

1. 相关标准

以下是受限制电源试验的相关标准(摘录)。

Q.1 受限制电源

Q.1.1 基本要求

受限制电源应符合下列要求之一：

a) 内在地限制输出，使其符合表 Q.1 的规定；或

b) 使用一个线性或非线性的阻抗限制输出，使其符合表 Q.1。如果使用 PTC 装置，则该装置应：

    1) 通过 IEC 60730-1:2013 第 15 章、第 17 章、J.15、J.17 的试验；或

    2) 符合 IEC 60730-1:2013 对提供 2 型 AL 动作的装置的要求；

c) 使用一个调节网络限制输出，使之在调节网络的非故障条件下和模拟单一故障条件下(开路或短路)(见 B.4)均能符合表 Q.1；或

d) 使用过流保护装置并按照表 Q.2 的限值限制输出；或

e) 符合 G.9 的 IC 限流器。

如果使用过流保护装置，它应是一个熔断器或是一个不能调节的非自动复位的机电装置。

Q.1.2 试验方法和合格判据

通过检查和测量以及适用时通过对制造商提供的电池组参数进行检查来检验是否合格。当依据表 Q.1 和表 Q.2 的条件对 U_{oc} 和 I_{sc} 进行测量时，电池组应充满电。应对诸如来自电池组和电网电源电路的最大功率予以考虑。

对表 Q.1 和表 Q.2 脚注 b 和脚注 c 所提到的非容性负载，要依次将其调节到产生最大电流和最大功率传输。按 Q.1.1 c)项的要求，在上述最大电流和最大功率情况下对调节网络施加单一故障条件。

表 Q.1　内在受限制电源的限值

输出电压 [a]　U_{oc}		输出电流 [b, d]　I_{sc}	视在功率 [c, d]　S
$V_{a.c.}$	$V_{d.c.}$	A	VA
≤30	≤30	≤8.0	≤100
—	$30<U_{oc}≤60$	$≤150/U_{oc}$	≤100

[a] U_{oc}：断开所有的负载电路，按 B.2.3 的规定测得的输出电压。电压为基本正弦波形的交流电压和无纹波直流电压。对于非正弦波形的交流电压和带有纹波大于 10%峰值的直流电压，其峰值电压不得超过 42.4 V。

[b] I_{sc}：带任何非容性负载(包括短路)时的最大输出电流。

[c] S(VA)：带任何非容性负载时的最大输出伏安。

[d] 如果是通过电子电路来进行保护，则在施加负载后 5 s 测量 I_{sc} 和 S。对 PTC 装置或其他情况，在 60 s 后测量。

表 Q.2　非内在受限制电源的限值(需要过流保护装置)

输出电压 [a]　U_{oc}		输出电流 [b, d]　I_{sc}	视在功率 [c, d]　S	过流保护装置的电流额定值 [e]
$V_{a.c.}$	$V_{d.c.}$	A	VA	A
≤20	≤20			≤5.0
$20<U_{oc}≤30$	$20<U_{oc}≤30$	$≤1000/U_{oc}$	≤250	$≤100/U_{oc}$
—	$30<U_{oc}≤60$			$≤100/U_{oc}$

[a] U_{oc}：断开所有的负载电路，按 B.2.3 的规定测得的输出电压。电压为基本正弦波形的交流电压和无纹波直流电压。对于非正弦波形的交流电压和带有纹波大于 10%峰值的直流电压，其峰值电压不得超过 42.4 V。

[b] I_{sc}：带上任意非容性负载(包括短路)，施加负载后 60 s 测得的最大输出电流。

[c] S(VA)：带上任意非容性负载，施加负载后 60 s 测得的最大输出伏安。

[d] 测量时设备中的限流电阻仍保留在电路中，但旁路过流保护装置。
　测量时旁路过流保护装置是为了确定在过流保护装置动作期间能提供可能引起过热的能量值。

[e] 过流保护装置的电流额定值是基于熔断器和电路断路器在 120 s 内所切断电路的电流为表中规定的电流额定值的 210%选定的。

2. 相关术语

(1) 空载电压(no-load voltage)：　设备在通电后，输出端口未带载时的电压。

(2) 视在功率(apparent power)：　设备在通电后，输出端口在承受受限制电源试验要求的时间时所达到的最大功率。

3.标准解读

1) 试验目的

受限制电源试验的目的是确认产品与后端连接的产品是否需要使用防火外壳。

2) 测试位置

PS 和 LPS 的测试位置如图 5.2.1 所示，两者的区别如下：

(1) PS 的测试位置主要针对内部线路，如交换机内置电源板的 12 V 等其他电压的输出端子；

(2) LPS 的测试位置主要针对外部线路，如交换机的网口(RJ45 口、PoE 口、USB 口)。

图 5.2.1   PS 和 LPS 的测试位置

3) 试验条件

受限制电源试验的试验条件区分为以下 5 种输出形式。

(1) 内在限制输出，即信号源输出(如交换机 RJ45 口的输出端子，输出为信号源输出，没有电压的类型)。

(2) 正温度系数(PTC)等阻抗限制输出(输出端子有限流的热敏电阻作为保护)。

(3) 调节网络即电子线路限制输出(输出端子有限流的电阻或者保险丝作为保护)。

(4) 过流保护装置限制输出(输出端子有限流的电阻或者保险丝作为保护)。

(5) IC 限制输出(输出端子有限流的芯片作为保护)。

试验中使用的适配器一般属于调节网络即电子线路限制输出。

4) 合格判定

上述试验条件中(1)、(2)、(3)、(5)使用标准中的表 Q.1 确定限值，(4)使用标准中的表 Q.2 确定限值。

5.2.2 试验实施

1. 试验准备

本任务准备单如表 5.2.3 所示。

受限制电源试验

表 5.2.3 本任务准备单

任务名称	受限制电源试验	
准备清单	准备内容	完成情况
受试设备	受试设备完整、无拆机	是(　) 否(　)
	受试设备的连接头剥线已处理好	是(　) 否(　)
	记录受试设备的输入电压、频率和电流，以及输出电压、电流和功率	输入电压：_____V； 输入频率：_____Hz； 输入电流：_____A 输出电压：_____V； 输出电流：_____A； 输出功率：_____W
	将受试设备的试验工作条件(输入电压、频率)记录到本任务工作单内	已记录(　) 未记录(　)
连接线	连接线 1 的一端已做好剥线处理	是(　) 否(　)
	测试并记录连接线 1 的 L 极、N 极和接地端	棕色：____极； 蓝色：____极； 黄绿色：_____极
	连接线 2 的一端已做好剥线处理	是(　) 否(　)
	测试并记录连接线 2 的 L 极、N 极和接地端	棕色：_____极； 灰色：_____极； 黑色：_____极
试验仪器	准备好电压源以及仪器的电源线	是(　) 否(　)
	准备好功率计以及仪器的电源线	是(　) 否(　)
	准备好电子负载以及仪器的电源线	是(　) 否(　)
	确认功率计的校准日期是否在有效期内	是(　) 否(　)
	确认电子负载的校准日期是否在有效期内	是(　) 否(　)
试验环境	记录当前试验环境的温度和湿度	温度：_____℃； 湿度：_____%RH

1) 受试设备

请参考本书任务 2.2 输入试验准备受试设备。

2) 连接线/治具

请参考本书任务 2.2 输入试验准备连接线/治具。

3) 试验仪器

本任务需要的试验仪器包括交流电源、功率计、电子负载(包含仪器的电源线)、秒表和短路开关,如图 5.2.2 所示。

(a) 交流电源

(b) 功率计

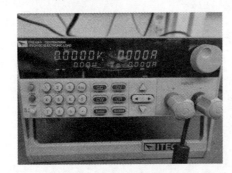

(c) 电子负载

(d) 秒表

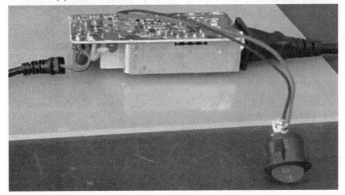

(e) 短路开关

图 5.2.2　本任务需要的试验仪器

4) 试验环境

受限制电源试验无特殊环境要求,但是一般情况下,为了使试验数据更加通用,测试机构要求全部试验在温度 23℃±5℃、相对湿度 75%以下进行(UL 要求)。

2. 搭建试验电路

受限制电源试验电路主要由交流电源、功率计、电子负载、秒表、短路开关以及受试设备组成。其中，交流电源的输出端接功率计的输入端，功率计的输出端接受试设备的输入端，受试设备的输出端接电子负载。实际接线图如图 5.2.3 所示。

图 5.2.3　受限制电源试验电路的实际接线图

1) 功率计的接线

请参考本书任务 2.2 输入试验进行功率计的接线。

2) 受试设备和电子负载的接线

请参考本书任务 2.2 输入试验进行受试设备和电子负载的接线。

3) 检查电路

请参考本书任务 2.2 输入试验的方法检查电路。

3. 试验步骤

1) 给仪器设备供电

把功率计、电子负载设备的电源接到市电(264 V，60 Hz 的交流电)，打开仪器的开关。

2) 正常工作条件下受限制电源测试

(1) 将 EUT 需要测试的输出口连接到电子负载后给 EUT 通电。

(2) 在电子负载上逐渐增加电流。

(3) 记录在关断前，EUT 整个带载过程中的最大功率、最大电压和最大电流(记录的数据在试验过程中需要持续 5 s 以上)。

注：受限制电源试验记录的是整个带载过程中的最大功率、最大电压和最大电流(受限制电源试验记录的功率、电压和电流之间是不存在关联的)。

3) 单一故障条件下受限制电源测试

(1) 依照短路或开路的要求，将 EUT 的限流零部件焊接上短路开关。

(2) 将 EUT 需要测试的输出口连接到电子负载后给 EUT 通电。

(3) 在电子负载上逐渐增加电流。

(4) 记录在关断前，EUT 整个带载过程中的最大功率、最大电压和最大电流(记录的数据在试验过程中需要持续 5 s 以上)。

注：在单一故障条件下，受限制电源试验的异常测试需要进行拉载动作，直到 EUT 关断，并记录整个过程中的最大功率、最大电压和最大电流。

4. 试验结果判定

根据本任务工作单内记录的试验数据，判断该样品是否通过受限制电源试验。本任务中，结果判定区分为以下 5 种输出形式：

(1) 内在限制输出，即信号源输出；

(2) PTC 等阻抗限制输出；

(3) 调节网络即电子线路限制输出；

(4) 过流保护装置限制输出；

(5) IC 限制输出。

其中，(1)、(2)、(3)、(5)根据标准中的表 Q.1 确定限值，测得最大功率不大于 100 W、最大电流不大于 8 A，就判定试验合格；(4)根据标准中的表 Q.2 确定限值，测得最大功率不大于 250 W、最大电流不大于 $1000/U_{oc}$(U_{oc} 为断开所有负载电路，按标准中 B.2.3 的规定测得的输出电压)，就判定试验合格。本试验中的适配器输出为 12 V、5.0 A，产品未使用过流保护装置，所以要用标准中表 Q.1 进行判定。根据表 Q.1 可确认限值为电流 8A、视在功率 100W。

请将试验数据和判定结果记录在如表 5.2.4 所示的本任务工作单内。

表 5.2.4　本任务工作单

试验人：			报告编号：		试验日期：　　年　　月　　日		
样品编号：			环境温度：＿＿＿＿℃；湿度：＿＿＿＿＿%RH				
检测设备：							
标准中附录 Q.1		受限制电源试验					
输出电路	条件	U_{oc}/V	时间/s	I_{sc}/A		S/VA	
				测量值	限值	测量值	限值
附加条件： SC 表示短路；OC 表示开路							

5.2.3　技能考核

本任务技能考核表如表 5.2.5 所示。

表 5.2.5　本任务技能考核表

技能考核项目	操作内容		规定分值	评分标准	得分
课前准备	阅读标准,回答信息问题,完成受限制电源试验学习单		15	根据回答信息问题的准确度,分为 15 分、12 分、9 分、6 分、3 分和 0 分几个挡。允许课后补做,分数降低一个挡	
实施及操作	试验准备	准备受试设备	15	受试设备的连接线处理符合要求,正确区分正负极,并记录在本任务准备单内得 5 分,否则酌情给分	
		准备连接线		受试设备的连接线处理符合要求,正确区分火线、零线和地线,并记录在本任务准备单内得 5 分,否则酌情给分	
		准备试验仪器		已准备好试验仪器以及连接线,将校准日期记录到本任务准备单内得 3 分,否则酌情给分	
		记录试验环境的温度和湿度		将环境温度和湿度正确记录到本任务准备单内得 2 分,否则酌情给分	
	搭建试验电路	功率计接线	20	功率计正确接线得 10 分,极性接反扣 5 分,输入输出接反扣 5 分	
		电子负载接线		电子负载正确接线得 5 分,极性接反扣 5 分	
		检查电路		整体电路连通性检查无误得 5 分,否则酌情给分	
	试验步骤	给仪器设备供电	30	正确给功率计和电子负载供电得 10 分,电源接错得 0 分	
		设置工作条件		设置交流电源的电压和频率,并记录在本任务工作单内得 5 分,否则酌情给分	
		设置电子负载		正确设置电子负载的大小得 5 分,设置错误得 0 分	
		记录数据		正确记录数据得 2 分	
		更改工作条件并记录数据		正确操作及记录数据得 8 分,否则酌情给分	
	试验结果判定	判定样品是否合格	10	正确判定试验结果得 10 分,否则不得分	
6S 管理	现场管理		10	将设备断电、拆线和归位得 5 分;将桌面垃圾带走、凳子归位得 5 分	
总分					

本任务整体评价表如表 5.2.6 所示。

表 5.2.6　本任务整体评价表

序号	评价项目	评价方式	得分
1	技能考核得分(60%)	教师评价	
2	小组贡献(10%)	小组成员互评	
3	试验报告完成情况(20%)	教师评价	
4	PPT 汇报(10%)	全体学生评价	

5.2.4　课后练一练

(1) 一个普通适配器，额定输出电压为 63 V(直流电源)，额定输出电流为 1.0 A，请问进行受限制电源试验时，输出电流和视在功率的限值为多少？

(2) 若有一款多输出端口的适配器，输出为 Type C 端口：9 V 或 12 V 直流电压，USB端口：5 V 直流电压，则在受限制电源试验中，我们需要测量的电压包括_____

_____。

(3) 请回答以下问题：

① 请列出受限制电源试验结果判定合格的标准。

② 请列出受限制电源试验需要用到的试验仪器，并简要说出试验仪器的作用。

(4) 请解释以下术语：

① 空载电压；

② 视在功率。

(5) 请写出受限制电源试验的步骤。

(6) 请将本试验过程整理成试验报告，在一周内提交。

(7) 请完成该任务的 PPT，准备汇报。

任务 5.3   温升试验

情景引入

在生活中，我们有这样的体会：手机用得太久会发烫。在夏季温度较高时，有时候手机还会出现温度过热的警告。如果电子产品在很高的温度下工作，会不会产生触电危险？会不会发生爆炸？为了预防电子产品在高温时可能对人体造成的伤害，标准中规定电子产品需要通过温升试验。

本任务是完成温升试验，请你学习标准中相关知识并完成试验，之后接受任务考核。

思政元素

讨论为何需要对电子产品进行温升试验，以及如何通过这些试验预防高温引起的安全问题。强调在产品开发阶段就考虑潜在的风险，并采取相应的预防措施来管理这些风险的重要性(道德教育)。

讨论在电子产品设计和制造过程中，如何利用科技创新来提高产品在不同环境温度下的性能和安全性。例如，通过改进散热设计、使用更好的材料等来降低产品工作时的温升(创新与实践)。

学习目标及学习指导

本任务学习目标及学习指导如表 5.3.1 所示。

表 5.3.1   本任务学习目标及学习指导

任务名称	温升试验	预计完成时间：4 学时
知识目标	✧ 了解 GB 4943.1—2022 中的 B.2.6 工作温度测量条件部分 ✧ 理解额定电压、额定电流、额定功率、额定电压范围、正常工作条件 ✧ 理解温升试验电路的原理 ✧ 熟悉温升试验的步骤 ✧ 掌握温升试验结果的判定标准	
技能目标	✧ 掌握交流电源、功率计、电子负载、热电偶线、温度记录仪和烘箱的基本操作 ✧ 会搭建温升试验电路、粘贴热电偶线 ✧ 能按步骤规范完成温升试验 ✧ 能正确记录试验数据 ✧ 能正确判定试验结果	

素养目标	◇ 自主阅读标准中的 B.2.6 ◇ 安全地按照操作规程进行试验 ◇ 自觉保持实验室卫生、环境安全(6S 要求) ◇ 培养团队成员研讨、分工与合作的能力
学习指导	◇ 课前学：熟悉标准中的 B.2.6，完成温升试验学习单 ◇ 课中做：通过观看视频和教师演示，按照步骤，安全、规范地完成试验，并完成温升试验准备单和温升试验工作单 ◇ 课中考：完成本任务技能考核表 ◇ 课后练：完成试验报告、课后习题和 PPT 汇报

5.3.1　相关标准及术语

为了完成本任务，请先阅读 GB 4943.1—2022 中的 B.2.6 工作温度测量条件部分，并完成如表 5.3.2 所示的本任务学习单(课前完成)。

表 5.3.2　本任务学习单

任务名称	温升试验
学习过程	回答问题
信息问题	(1) 温升试验测的是被测样品的哪个电参量？ (2) 温升试验是否应该模拟负载？ (3) 被测样品工作在什么条件下进行温升试验(正常/异常工作条件)？ (4) 如果有多个额定电压范围，该如何进行试验？ (5) 是否需要考虑额定电压的频率？ (6) 标识为 100～127 V/220～240 V(交流电源)，5 A/2 A，47/63 Hz 的电源适配器，请写出其试验电压/频率。 (7) 读数时要注意什么？ (8) 如何判断试验结果是否合格？

1. 相关标准

以下是温升试验的相关标准(摘录)。

B.2.6　工作温度测量条件

B.2.6.1　基本要求

在设备上测得的温度，应按适用的情况，符合 B.2.6.2 或 B.2.6.3 的规定，所有温度单位为摄氏度(℃)；其中：

T 为在规定的试验条件下测得的给定的零部件的温度；

T_{max} 为规定的符合试验要求的最高温度；

T_{amb} 为试验期间的环境温度；

T_{ma} 为制造商规定的最高环境温度或 35 ℃，取其中较高者。

注 1： 对预定不在热带气候条件下使用的设备，T_{ma} 为制造商规定的最高环境温度或 25 ℃，取其中较高者。

注 2： 高海拔地区温度测量条件和温度限值的要求正在考虑中。在未得到另外的数据之前，可以使用 2000 m 以下的发热试验条件和温度限值。

B.2.6.2　依赖工作温度的发热/冷却

对设计成其发热量或冷却量要依赖温度的设备(例如，设备装有一种风扇，在较高的温度下具有较高的转速)，要在制造商规定的工作范围内的最不利的环境温度下进行温度测量。在这种情况下：T 不得超过 T_{max}。

注 1： 为了找出每一个元器件的 T 的最高值，可能需要在不同的 T_{amb} 下进行若干次测量。

注 2： 对不同的元器件，其最不利的环境温度 T_{amb} 可能是不同的。

替代方法是，当发热/冷却装置处在调节效果最差或使该装置不起作用时，在环境条件下进行温度测量。

B.2.6.3　不依赖工作温度的发热/冷却

对设计成其发热量或冷却量不依赖环境温度的设备，可以使用 B.2.6.2 的方法。替代方法是，在制造商规定的工作范围内的任何 T_{amb} 值下进行试验。在这种情况下，T 不得超过 $(T_{max}+T_{amb}-T_{ma})$。

除非所有相关各方同意，否则试验期间，T_{amb} 不得超过 T_{ma}。

---

2. 相关术语

操作温度(operating temperature)：制造商规定的最高环境温度。

3. 标准解读

1) 试验目的

热灼伤引起的伤害及安全防护

为了降低热灼伤造成疼痛和伤害的可能性，在正常工作条件下测试电子产品及其元器件的温度变化情况，以确保电子产品及其元器件符合标准的要求。

2) 安全防护要求

为了降低热灼伤造成疼痛和伤害的可能性，可触及零部件应按照标准中第 9 章的规定进行分级并在必要时提供安全防护。1 级热能量源可以被一般人员直接触碰，2 级热能量源需要有基本安全防护后才可以被一般人员直接触碰，3 级热能量源需要有基本安全防护和附加安全防护后才可以被一般人员直接触碰。

标准中 9.5.2 提供的指示性安全防护可以作为一般人员对 2 级热能量源的基本安全防护。

指示性安全防护的要素应当有如下内容：

——要素 1a：⚠，GB/T 5465.2—5041；

——要素 2："注意"和"热表面"或类似文字或语句；

——要素 3：说明能量从该能量源传递到人体部位可能导致的后果(可选)；

——要素 4："不要接触"或类似语句。

3) 热能量源(TS)分级

(1) TS1 是 1 级热能量源，其温度级别应在正常工作条件下不超过 TS1 的限值和在异常工作条件下或单一故障条件下不超过 TS2 的限值。

(2) TS2 是 2 级热能量源，其温度超过 TS1 的限值，且在正常工作条件下、异常工作条件下或单一故障条件下，温度不超过 TS2 的限值。

(3) TS3 是 3 级热能量源，在正常工作条件下或异常工作条件下或单一故障条件下，温度超过标准中表 38 规定的 TS2 的限值。

4) 试验参数

根据标准，温升试验测量的是受试设备及其元器件的温度变化情况。

5) 试验条件

试验条件是在正常工作条件下进行测试。这就是说，温升试验需要考虑电源电压(包括电源容差)和频率等参数。关于电源电压和频率详见任务 2.2 输入试验。

下面我们举例来说明如何设置温升试验的条件。

例 5.3.1　如果需要对图 5.3.1 中的电源适配器进行温升试验，应满足哪些条件？

图 5.3.1　电源适配器的标志

分析：

先考虑电压情况。该产品的额定电压范围为 100～240 V，根据标准，应考虑额定电压范围的上、下限以及额定电压容差。额定电压范围的上、下限分别为 240 V 和 100 V，而额定电压容差按照+10%和−10%来计算，因此还需要考虑 264 V 和 90 V 的情况。

再考虑频率情况。该产品的额定频率为 50/60 Hz，因此只考虑任务 2.2 输入试验中测得最高功率的频率，不需要考虑额定频率的容差。

经过以上分析，应在 2 个条件下进行试验：90 V/60 Hz；264 V/60 Hz。

6) 负载要求

具体负载要求详见任务 2.2 输入试验。

7) 读数要求

根据标准中 B.1.5 的要求,对于需要将试验一直持续到获得稳态温度的那些试验,如果在 30 min 内温升不超过 3 K,则认为已达到稳态。如果测得的温度比规定的温度限值至少低 10%,在 5 min 内温升不超过 1 K,则认为已达到稳态。

8) 结果判定

首先将按照试验要求测试出的数据整理并换算到制造商宣称的最大操作温度(如:若制造商规定的产品使用地区的环境温度为 0~40 ℃,则使用 40 ℃作为最大操作温度。当试验的环境温度为 25 ℃时,测试出来的数据需要整体增加 15 ℃)。然后,将试验数据与标准和客户提供的关键元件清单的限值进行比较,试验结果小于限值的为合格,否则为不合格。

温升试验中内部材料、元器件和系统的温度限值,见标准中 5.4.1.4.3 的表 9,如表 5.3.3 所示。

表 5.3.3　材料、元器件和系统的温度限值

零部件		最高温度 T_{max}/℃
绝缘,包括绕组绝缘	105(A) 级材料或 EIS	100[a]
	120(E)级材料或 EIS	115[a]
	130(B)级材料或 EIS	120[a]
	155(F)级材料或 EIS	140[a]
	180(H)级材料或 EIS	165[a]
	200(N)级材料或 EIS	180[a]
	220(R)级材料或 EIS	200[a]
	250 级材料或 EIS	225[a]
内部和外部配线,包括电源软线的绝缘: ——无温度标志的 ——有温度标志的		70 标在导线或线轴上的温度,或制造商规定的额定值
其他热塑性绝缘		见 5.4.1.10
元器件		也见附录 G 和 4.1.2
这些温度等级与 GB/T 11021 规定的电气绝缘材料和 EIS 的温度等级相协调。括号中给出了规定的字母代号 对每一种材料,应对该种材料对应的数据予以考虑,以便确定适宜的最高温度		
[a] 如果用热电偶来测定绕组的温度,则除了下列情况外,这些温度值要减小 10 K: ——电动机,或 ——有埋入式热电偶的绕组。		

如果在表 5.3.3 中查不到温度限值，则查看元器件认证证书中规定的温度值。温升试验中可触及零部件的接触温度限值见标准中 9.3 的表 38，如表 5.3.4 所示。

表 5.3.4 可触及零部件的接触温度限值

热能量源	可触及零部件 b	最高温度(T_{max})/℃			
		金属 d	玻璃，釉瓷和搪瓷	塑料和橡胶	木材
TS1	正常使用时穿戴在身上的装置(直接与皮肤接触)(>8 h)e	43~48	43~48	43~48	43~48
	正常使用时要抓握或接触的把手、旋钮、手柄等以及表面(>1 min~<8 h) a	48	48	48	48
	短时间要抓握的或偶尔接触的把手、旋钮、手柄等以及表面(>10 s~<1 min)	51	56	60	60
	非常短时间的偶然接触的把手、旋钮、手柄等以及表面(>1 s~<10 s) f	60	71	77	107
	操作设备时不需要接触的表面(<1 s)	70	85	94	140
TS2	正常使用时要抓握的把手、旋钮、手柄等以及表面(>1 min) a	58	58	58	58
	短时间要抓握的或偶尔接触的把手、旋钮、手柄等以及表面(>10 s~1 min)	61	66	70	70
	非常短时间的偶然接触的把手、旋钮、手柄等以及表面(>1 s~<10 s) f	70	81	87	117
	操作设备时不需要接触的表面(<1 s)	80(100)c	(95)100c	104	150
TS3	高于 TS2 限值				

a 这些表面的示例包括电话手柄、移动电话或其他手持式设备以及便携式计算机的手掌放置面。>1 s~<10 s 的限值可适用于局部的热点，这些点可以很容易通过改变抓握装置的方式避免接触。

b 有必要时，接触时间应由制造商来确定，并且应与按照设备说明书进行预期操作的时间相一致。

c 对下列区域和表面，允许使用括号中的温度限值：
——任何尺寸都不超过 50 mm，且在正常使用时不可能接触到的设备表面的区域；或
——散热器和直接覆盖散热器的金属零部件，但装在有正常使用时要操作的开关或控制键的表面上的除外。
对这些区域或零部件，应在热的部分上或附近提供符合 F.5 的指示性安全防护。
在异常工作条件下和单一故障条件下，设备的其他区域和表面，需要有设备级基本安全防护。

d 对覆盖有至少 0.3 mm 厚的塑料或橡胶材料的金属部件，覆盖物认为适于用作安全防护，且允许使用塑料和橡胶的温度限值。

e 示例包括便携式轻量化设备，如手表、头戴式耳机、音乐播放器和运动监控设备。对于较大的设备或直接接触面部重要区域(例如口、鼻)的设备，可以应用较低的限值。对于按预期的正常使用接触时间小于 8 h，适用 48 ℃/1 min~43 ℃/8 h 之间的限值，计算应圆整到最近的整数。示例如电池充电限制时间为 2 h 的耳机。

f 示例包括断开连接时需要接触的表面。

一般产品的可触及部分都要满足 TS1 的要求。

5.3.2 试验实施

1. 试验准备

本任务准备单如表 5.3.5 所示。

温升试验

表 5.3.5 本任务准备单

任务名称	温升试验	
准备清单	准备内容	完成情况
受试设备	受试设备完整、无拆机	是( ) 否( )
	受试设备的连接头剥线已处理好	是( ) 否( )
	受试设备已用热电偶线粘贴	是( ) 否( )
	确认受试设备的操作温度	操作温度：_____℃
	将受试设备的试验工作条件(输入电压、频率)记录到本任务工作单内	已记录( ) 未记录( )
连接线	连接线 1 的一端已做好剥线处理	是( ) 否( )
	测试并记录连接线 1 的 L 极、N 极和接地端	棕色：_____极； 蓝色：_____极； 黄绿色：_____极
	连接线 2 的一端已做好剥线处理	是( ) 否( )
	测试并记录连接线 2 的 L 极、N 极和接地端	棕色：_____极； 灰色：_____极； 黑色：_____极
试验仪器	准备好电压源以及仪器的电源线	是( ) 否( )
	准备好功率计以及仪器的电源线	是( ) 否( )
	准备好电子负载以及仪器的电源线	是( ) 否( )
	准备好温度记录仪以及仪器的电源线	是( ) 否( )
	准备好热电偶线	是( ) 否( )
	准备好烘箱以及仪器的电源线	是( ) 否( )
	确认电压源的校准日期是否在有效期内	是( ) 否( )
	确认功率计的校准日期是否在有效期内	是( ) 否( )
	确认电子负载的校准日期是否在有效期内	是( ) 否( )
	确认温度记录仪的校准日期是否在有效期内	是( ) 否( )
	确认热电偶线的校准日期是否在有效期内	是( ) 否( )
	确认烘箱的校准日期是否在有效期内	是( ) 否( )
试验环境	记录当前试验环境的温度和湿度	温度：_____℃； 湿度：_____%RH

1) 受试设备

(1) 受试设备的处理：温升试验的受试设备为电源适配器，在试验之前，我们需要对受试设备进行处理。

① 用剪刀/剥线钳将受试设备的输出端连接线的连接头剪掉，并用剥线钳将连接线的外壳剥开一小段(约 6～8 cm)，将里面的导线剥掉约 1 cm，最后将导线的线头整理好。(详情请参考任务 2.2 输入试验。)

② 将受试设备外壳打开，将温升试验需要测量的点位粘贴上热电偶线，如图 5.3.2 所示。

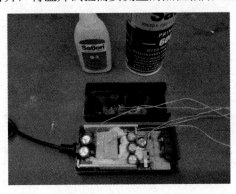

图 5.3.2　温升试验的贴点示意图

(2) 测量部位的选择如下：

① 人体可碰触位置，例如塑料外壳、金属外壳等。

② 绝缘组件，例如绝缘变压器、绝缘光耦合器、Y 电容等。

③ 发热组件，例如切换功率晶体管、桥式整流器、滤波器、电感等。

④ 安全相关组件，例如线材、PCB、散热片、电气插座等。

⑤ 其他，即依据实际设备的功能与设计来决定是否测量其他组件温度。

(3) 受试设备数据的记录：通过温度记录仪读取试验数据，并将试验数据导出生成温升图，如图 5.3.3 所示。

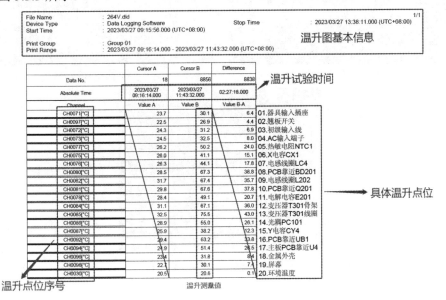

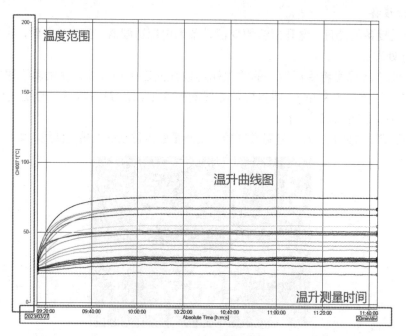

图 5.3.3   温升图信息示意图

2) 试验仪器

本任务需要的试验仪器包括交流电源、功率计、电子负载、温度记录仪、热电偶线和烘箱(包含仪器的电源线)，其中温度记录仪、热电偶线和烘箱如图 5.3.4 所示。

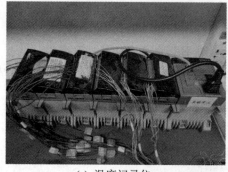

(a) 温度记录仪

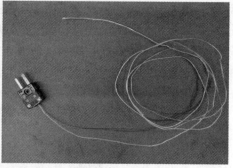

(b) 热电偶线

(c) 烘箱

图 5.3.4   温度记录仪、热电偶线和烘箱

(1) 温度记录仪：用来读取热电偶线粘贴部位的温度，并通过画面的方式呈现出来。

(2) 热电偶线：粘贴在测量部位，然后通过温度记录仪读取温度。热电偶线的处理过程如下：

① 将热电偶线头部修剪平整；

② 将热电偶线内外层绝缘皮依图 5.3.5(外绝缘皮到交叉部分的距离约为 15 mm，内绝缘皮到交叉部分的距离约为 1.5 mm)剥除，并将两个金属线头部交叉在一起；

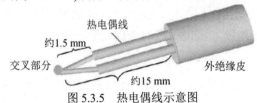

图 5.3.5　热电偶线示意图

③ 使用点焊机将热电偶线中两个金属线头部交叉处熔接；

④ 用镊子伸入两线之间轻拉，确认熔接点是否牢固；

⑤ 将做好的热电偶线接上温度记录仪，确认热电偶线是否能正常使用。

(3) 烘箱：用于将试验样品所有测量点位都加热至操作温度(厂商规定，一般为 40℃)。

3) 试验环境

温升试验无特殊环境要求，但是一般情况下，为了使试验数据更加通用，测试机构要求全部试验在温度 23 ℃±5 ℃、相对湿度 75%以下进行(UL 要求)。

2. 搭建试验电路

温升试验电路主要由交流电源、功率计、受试设备、电子负载、温度记录仪、热电偶线和烘箱等部分组成，如图 5.3.6 所示。其中，交流电源的输出端接功率计的输入端，功率计的输出端接受试设备的输入端，受试设备的输出端接电子负载，受试设备通过热电偶线连接到温度记录仪上，并放置在烘箱内。实际接线图如图 5.3.7 所示。

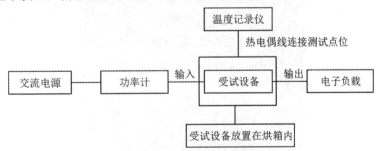

图 5.3.6　温升试验电路框图

图 5.3.7　温升试验电路的实际接线图

【注意事项】

在温升试验电路中，以下部位是超过人体安全电压的：

(1) 交流电源的输出部位；

(2) 功率计的被测输入和被测负载部位；

(3) 电子负载和连接线的连接部位。

因此，人体不得接触上述任何部位，操作时应该戴好绝缘手套。在使用烘箱的时候，需要观察烘箱温度和样品温度，温度过高时应使用隔热手套。

3. 试验步骤

(1) 给仪器设备供电。把功率计、电子负载仪器的电源接到市电(220 V、50 Hz 的交流电)，打开仪器的开关。

(2) 调整交流电源以设定工作条件。根据试验条件中列出的正常工作条件的顺序，设定交流电源的电压和频率。这里，我们先将交流电源的工作条件设置为 90 V/60 Hz。

(3) 产品与热电偶线连接。根据任务 2.2 输入试验确认测试的温升点位，分为内部点位和外部点位，内部点位为样品内部 PCB 上的元器件以及内壳，外部点位为样品外壳以及样品外表面可触摸的点。先使用温升胶对热电偶线的顶部金属交叉部分进行绝缘处理，再将热电偶线的顶部金属交叉部分放置在温升点位上，使用温升胶进行固定，固定位置要尽量靠近发热源。

(4) 设置电子负载。把样品输出端连接到电子负载上，电子负载设置为定电流模式。电子负载电流设置为受试设备输出电流的最大值(产品标签上的输出电流值)。在本任务中，受试设备的额定电流为 5 A，因此我们将电子负载电流设置为 5 A。

(5) 设置温度记录仪。将粘贴好的温升点位按顺序连接到温度记录仪上，如图 5.3.8 所示。设置好温升软件数据，给样品通电并调整输出负载至额定值后，再开始进行数据记录。

图 5.3.8　温度记录仪连接示意图

(6) 设置烘箱。如果需要烘箱进行试验，则需要先调整烘箱的温度至试验操作温度。把产品放置在烘箱内，等待烘箱内温度和产品温度达到规定的操作温度，再设置好温升软件数据，给样品通电并调整输出负载至额定值后，开始进行数据记录。

(7) 更改工作条件并记录数据。正常温升试验后，需要进行异常状态下的温升试验，此时产品需要进行标准中 B.3.5 输出端子的最大负载过载试验。先按正常温升试验的操作步骤，使产品温度达到稳定状态后，将电子负载电流值调高(同时记录电子负载电流设定值和功率计上的被测物电压/电流)；待温度平稳后，再次将电子负载电流值调高，直至被测物关断；最后进行一次抗电强度试验。

4. 试验结果判定

将按照试验要求测试出的数据整理并且换算到制造商宣称的最大操作温度(如：若制造商规定的产品使用地区的环境温度为0～40 ℃，则使用40 ℃作为最大操作温度。当试验的环境温度为25 ℃时，测试出来的数据需要整体增加15 ℃)，并且与标准和客户提供的关键元件清单的限值进行比较，试验结果小于限值的为合格，否则为不合格。

如果采用温度换算的形式，元器件的温度超过了限值，则在实际中，可以将样品直接放在烘箱中进行试验，再进行判断。

请将试验数据和判定结果记录在如表 5.3.6 所示的本任务工作单内。

表 5.3.6　本任务工作单

试验人：		报告编号：		试验日期：　　年　　月　　日	
样品编号：		环境温度：_____℃；湿度：_____%RH			
检测设备：					
标准中附录 B.2.6	温升试验				
供电电压/V					
试验期间环境温度 T_{amb}/℃					
测试部位	最高温度 T/℃				允许的 T_{max}/℃
附加信息：					

5.3.3 技能考核

本任务技能考核表如表 5.3.7 所示。

表 5.3.7　本任务技能考核表

技能考核项目	操作内容		规定分值	评分标准	得分
课前准备	阅读标准，回答信息问题，完成温升试验学习单		15	根据回答信息问题的准确度，分为 15 分、12 分、9 分、6 分、3 分和 0 分几个挡。允许课后补做，分数降低一个挡	
实施及操作	试验准备	准备受试设备	10	受试设备的连接线处理符合要求，正确区分正负极，并记录在本任务准备单内得 5 分，否则酌情给分	
		准备试验仪器		已准备好试验仪器以及连接线，并将校准日期记录到本任务准备单内得 3 分，否则酌情给分	
		记录试验环境的温度和湿度		将环境温度和湿度正确记录到本任务准备单内得 2 分，否则酌情给分	
	搭建试验电路	温度记录仪和热电偶线的连接	20	温度记录仪和热电偶线正确接线得 15 分，否则酌情给分	
		检查电路		整体电路连通性检查无误得 5 分，否则酌情给分	
	试验步骤	给仪器设备供电	35	正确给功率计和电子负载供电得 10 分，电源接错得 0 分	
		设置温度记录仪		正确设置温度记录仪得 3 分，设置错误得 0 分	
		设置烘箱		正确设置烘箱得 2 分，设置错误得 0 分	
		热电偶线的制作		正确制作热电偶线得 10 分，制作错误得 0 分	
		记录数据		正确记录数据得 2 分	
		更改工作条件并记录数据		正确操作及记录数据得 8 分，否则酌情给分	
	试验结果判定	判定样品是否合格	10	正确判定试验结果得 10 分，否则不给分	
6S 管理	现场管理		10	将设备断电、拆线和归位得 5 分；将桌面垃圾带走、凳子归位得 5 分	
总分					

本任务整体评价表如表 5.3.8 所示。

表 5.3.8 本任务整体评价表

序号	评价项目	评价方式	得分
1	技能考核得分(60%)	教师评价	
2	小组贡献(10%)	小组成员互评	
3	试验报告完成情况(20%)	教师评价	
4	PPT 汇报(10%)	全体学生评价	

5.3.4 课后练一练

(1) 一个普通适配器，其额定输入电压为 100～120 V、200～240 V(交流电源)，额定输入频率为 50/60 Hz，请问进行温升试验时需要测试哪些电压和频率？

(2) 请回答以下问题：
① 请列出温升试验结果判定合格的标准。

② 热电偶线的处理方法是怎样的？

③ 常见的温升测量点位有哪些？

(3) 请解释以下术语：
① 产品操作温度。

② 正常工作条件。

(4) 请写出温升试验的步骤。

(5) 请将本试验过程整理成试验报告，在一周内提交。

(6) 请完成该任务的 PPT，准备汇报。

参 考 文 献

[1]　音视频、信息技术和通信技术设备　第 1 部分：安全要求：GB 4943.1—2022[S]. 北京：中国标准出版社，2023.

[2]　佘少华. 电器产品强制认证基础[M]. 2 版. 北京：机械工业出版社，2016.

[3]　中国质量认证中心. 电子电器产品安全通用要求[M]. 北京：中国市场出版社，2020.

[4]　谢飞. 家用电器 3C 认证检验实训教程[M]. 北京：高等教育出版社，2009.

[5]　Audio/video, information and communication technology equipment-part 1: safety requirements: IEC 62368-1: 2018 [S].

[6]　Methods of measurement of touch current and protective conductor current: IEC 60990: 2016 [S].

[7]　Ele80ctric cables with a rated voltage not exceeding 450/750 V-guide to use: IEC 62440: 2008 [S].